数字媒体应用型系列教材

数字媒体栏目包装
After Effects 项目应用

主　　编◎李　璐　桑小昆　张继军
副 主 编◎高　杨　姜　鑫　钱　悦
　　　　　张莉莉　宿子顺
总 主 编◎孔宪思
执行主编◎庞玉生

中国书籍出版社
China Book Press

前 言
preface

　　近年来，国家相继出台和实施了一系列扶持、促进文化及动漫产业发展的政策措施，中国文化与动漫行业的发展呈现出越来越喜人的局面。文化与动漫产业的发展，都离不开数字媒体技术的支撑。然而，数字媒体教育模式和企业人才需求问题也日渐凸显，为探索解决这一系列问题，由行业协会组织的文化传媒企业和动漫企业专家及全国部分应用型院校共同研发了《数字媒体应用型人才培养方案》，并在此基础上进行了数字媒体应用型系列教材的合作编撰。

　　该系列教材根据应用型教育的实际需要，以企业所需人才为导向，着眼于培养学生的动手能力，通过企业的实例项目，加强技能训练，积极探索应用型院校"现代学徒制下的项目教学"人才培养新模式。

　　随着数字媒体技术的迅速发展，电视、电影等影视特效表现有了技术上的长足进步，同时也带动了影视后期行业的繁荣发展。After Effects是视觉设计领域巨头Adobe公司推出的一款影视后期合成软件，可以满足大多数影片及电视节目制作专家的需求，使有创造力的人能够创造出无法抗拒的动画及视觉效果，在电影、电视、广告、动漫、网络媒体等领域有广泛的应用，是目前主流的后期软件之一。

　　本书以实战案例为编写线索，使读者快速掌握影视栏目包装设计思路，深入学习各种影视包装的制作技巧。内容由浅入深，由简单的数字影视基础知识及软件入门到较复杂的影视栏目案例包装，综合了各种案例的制作技巧，帮助读者进行创意思路和技术上的提高。

本书是由企业一线技术人员和职业院校多年从事本课程教学人员共同编写，编写过程中以大量的企业实际项目资料为案例，以实际制作过程为线索编写，并在多位专家的指导意见和建议下完成。

　　由于编者水平有限，书中难免存在疏漏和不足，恳请读者批评指正！

编者

2017 年 5 月

目　录

CONTENTS

第一章　走进数字影视合成 ………………………………………… 1

　　第一节　数字影视基础 …………………………………………… 1

　　第二节　常用的影视特效和合成软件 …………………………… 9

　　第三节　栏目包装制作流程 ……………………………………… 18

第二章　"扫光字"项目的蒙版与遮罩技术应用 ………………… 33

　　第一节　遮罩与蒙版的基本功能 ………………………………… 33

　　第二节　扫光文字效果项目制作 ………………………………… 42

第三章　"虚拟演播室"项目的抠像技术应用 …………………… 46

　　第一节　常用的抠像滤镜 ………………………………………… 46

　　第二节　虚拟演播室包装 ………………………………………… 60

第四章　"三维场景"项目三维合成与摄像机的使用 …………… 67

　　第一节　三维合成的概念及图层属性 …………………………… 67

　　第二节　制作"三维场景"片头 ………………………………… 75

第五章　"实拍素材后期合成"项目的追踪技术及稳定技术应用 … 84

　　第一节　运动追踪与运动稳定 …………………………………… 84

　　第二节　制作透视跟踪片头 ……………………………………… 89

　　第三节　稳定与修整画面 ………………………………………… 94

第六章　综合影视特效应用——节目导视 ……………………… 99

第七章　综合特效应用——24New栏目包装 …………………… 115

后记 ………………………………………………………………… 131

第一章　走进数字影视合成

随着数字媒体技术的大量运用，数字特效在影视及媒体产业都发挥着它不可磨灭的作用。影视艺术作为一种大众精神消费产品，正是借助着数字特效的大量运用，使其占据的市场规模越来越大，其华丽的特效也成为大众津津乐道的话题。

首先从电影电视本身来讲。早期的电影形如舞台剧，是靠台面上的动作语言以及音乐等元素，通过镜头的合理排列，达到一种视频讲述故事的效果。这对演员、后期制作的要求并不高。而当影视艺术发展到了现在，镜头的华丽表现要求和真实的拍摄难度这一对矛盾考验着导演和后期编辑的创意。《哈利波特》中大量的魔法特效镜头，仅是运用镜头切换和一般的普通特效是难以为我们营造出这样一个奇幻又真实的魔法世界。而电影《金刚》与之前老版的《金刚》相比较，那种恢弘的场面可见一斑。影视艺术作为一种艺术作品，不单对剧情的完美度有所要求，更对整个视频画面十分挑剔，运用大量的数字特效，正好能够很好地解决这一对凸显的矛盾，为观众带来真实震撼的体验。

数字特效的运用在于它能表现平常之不能表达，它必须与前期拍摄阶段相辅相成，就好像人的左右手，二者相互搭配才能做的更加完美。

第一节　数字影视基础

一、色彩知识

影视片中运用色彩的历史不长，但色彩已成为影视艺术的基本建构元素和造型语言的重要组成部分，成为影视艺术产生冲击力和感染力的重要前提。它在影视片中担当着再现客观事物、体现环境的作用；用色彩表达情感、渲染意境；通

1

过色彩语言来表达内容的内涵，形式的美感；用色彩的象征意义，张扬个人的个性，引起观众的共鸣。而色彩视觉效果的审美价值，正是由于融入了创作者的主观感受、情感、意念，才使得画面色彩关系更为热烈，更加具有冲击力。使得影视艺术以一种艺术再现的美学品貌区别于其他姊妹艺术而独具魅力。

（一）色彩模式

1. RGB 色彩模式：是由红、绿、蓝三原色组成的色彩模式。所谓三原色是指不能由其他色彩组合而成的色彩。

2. CMYK 色彩模式为印刷色彩模式；灰度模式属于非彩色模式，如图 1-1。

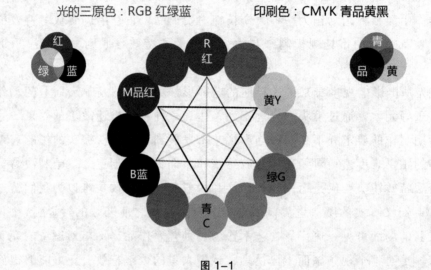

图 1-1

3. LAB 模式是用来从一种颜色模式向另外一种颜色模式转变的内部颜色模式。由三个通道组成：一个亮度和两个色度通道 A 和 B 组成，其中 A 代表从绿到红，B 代表从蓝到黄。

4. HSB 模式。色相：区分色彩的名称。饱和度：某种颜色的浓度含量。饱和度越高，颜色的强度也就越高。亮度：颜色中光的强度表述，如图 1-2。

图 1-2

2

(二) 图形、像素和分辨率

1. 计算机图形可分为两种类型：位图图形和矢量图形。位图图形也叫光栅图形，通常也称之为图像，它由大量的像素组成。位图图形是依靠分辨率的图形，每一幅都包含着一定数量的像素。矢量图形是与分辨率无关的独立的图形。它通过数学方程式得到的，由矢量所定义的直线和曲线组成。例如徽标在缩放到不同大小时都保持清晰的线条，如图1-3。

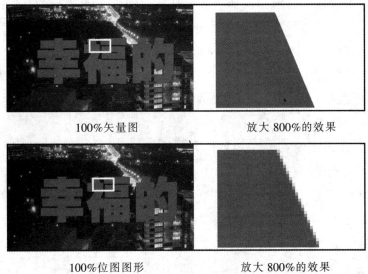

100%矢量图   放大 800%的效果

100%位图图形   放大 800%的效果

图 1-3

2. 像素：像素是构成图形的基本元素，它是位图图形的最小单位。像素有以下三种特性：像素与像素间有相对位置；像素具有颜色能力，可以用位来度量，像素都是正主形的；像素的大小是相对的，它依赖于组成整幅图像像素的数量多少，如图1-4。

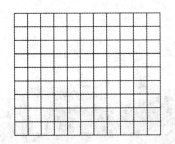 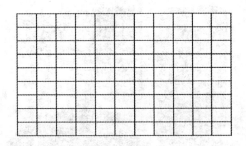

4：3画幅 像素宽高比1.067   16：9画幅，像素宽高比1.422

图 1-4

3. 分辨率：分辨率是指图像单位面积内像素的多少。一般采用宽乘以高的形式来表述，比如 1080P 就是指 1920×1080 的分辨率，这幅画面中有 2073600 个像素，而 720P 只有 921600 个像素，所以 1080P 自然更清楚和精细。要想完全表现这样分辨率的画面，我们就需要拥有一个 1080P 的设备，不论它是投影机、平板电视或者显示器。

（三）颜色深度

图像中每个像素可显示出的颜色数称作颜色深度，通常有以下几种颜色深度标准：

1. 24 位真彩色：每个像素所能显示的颜色数为 24 位，也就是 2 的 24 次方，约有 1680 万种颜色；

2. 16 位增强色：增强色为 16 位颜色，每个像素显示的颜色数为 2 的 16 次方，有 65536 种颜色；

3. 8 位色：每个像素显示的颜色数为 2 的 8 次方，有 256 种颜色。

（四）Alpha 通道

视频编辑除了使用标准的颜色深度外，还可以使用 32 位颜色深度。32 位颜色深度实际上是在 24 位颜色深度上添加了一个 8 位的灰度通道，为每一个像素存储透明度信息。这个 8 位灰度通道被称为 Alpha 通道。

二、视频基础

（一）非线性编辑

简单地说就是使用计算机对视频进行处理通常称为非线性编辑，指应用计算机图形、图像技术在计算机中对各种原始素材进行各种编辑操作，并将最终结果输出到计算机硬盘、光盘等记录设备上这一系列完整的工艺过程，如图 1–5。

图 1–5

（二）非线性编辑的应用范围

1970 年美国出现了世界上第一套非线性编辑系统，经过 40 多年的发展，现有的非线性编辑系统已经完全实现了数字化以及与模拟视频信号的高度兼容，并广泛应用在电影、电视、广播、网络等传播领域。

（三）彩色电视的三种制式

NTSC 制（美国，加拿大，日本等）；PAL 制（欧洲，中国等）；SECAM 制（法国等），如表 1-1。

表 1-1

制式	PAL 制	NTSC 制
标清	576/50i、576/25p	480/59.94i、480/29.97p
高清	1080/50i、1080/25p720/25p、720/50p	1080/59.94i、1080/29.97p720/29.97p、720/59.94p
字母"i"前的数字是场频，"p"前的数字是帧频		

（四）时间码

视频素材的长度和它的开始帧、结束帧是由时间码单位和地址来度量的。

小时：分钟：秒：帧的形式确定每一帧的地址。

PAL 制采纳的是 25 帧/秒的标准。

NTSC 制采纳的是 29.97/帧/秒的标准。早期的黑白电视使用的 30 帧/秒的标准。

（五）扫描

隔行（interlaced）和逐行（progressive）都是 CRT 时代显示器的水平扫描方式。CRT 的每一帧画面都通过电器枪自上而下的扫描来完成。这一过程中，如果逐一完成每一条水平扫描线，就称作逐行扫描。如果先扫描所有奇数扫描线，再完成偶数扫描线，就是隔行扫描，每一帧（Frame）图像通过两场（Filed）扫描完成，第一场只扫描奇数行，第二场只扫描偶数行，如图 1-6。

进入到数字时代，虽然采用液晶、等离子等数字技术的电视机本身不再采用 CRT 扫描显示方式，但是隔行和逐行却仍然成为高清信号的两种格式。经常见到的 720p、1080i、1080p 中的 P 就是指逐行扫描，I 指隔行扫描。

（六）帧、帧速率

电影、电视画面实际上是一幅幅静止的图像，我们之所以觉的它是动的，是因为画面以一定的速度连续地进入我们的视线，人的生理特性使然，会产生画面是动的假象（但是你自己并不觉得是假象）。经过研究发现，要想使人看到的画面流畅，至少需要每秒 24 幅图像从视线闪过，即每秒 24 帧。所以帧可以理解为一幅画面，帧率就是每秒钟播放画面的次数。

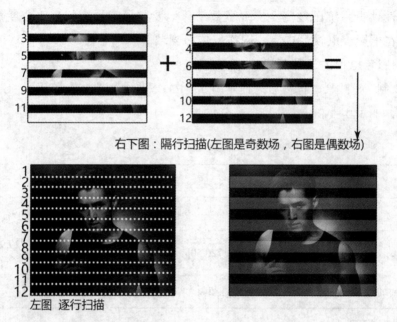

右下图：隔行扫描(左图是奇数场，右图是偶数场)

左图 逐行扫描

图 1-6

（七）常用的压缩编码技术

1. JPEG 是 Joint Photographic Experts Group（联合图像专家组）的缩写，用于压缩静态图像。

2. MPEG 是 Motion Pictures Experts Group（运动图像专家组）的缩写，用于压缩动态图像。MPEG 有不同的压缩标准，VCD 采用的是 MPEG-1，DVD 采用的是 MPEG-2。

（八）常用的音频文件格式

1. 声音文件，主要有：*.wav 文件，是 Windows 平台支持的格式；*.aif/*.aiff 文件，是 Macintosh 平台支持的格式，也被很多 Windows 应用程序支持；*.mp1/*.mp2/*.mp3 文件，是 MPEG 标准中的音频部分，压缩率分别是 4:1、6:1-8:1、10:1-12:1；*.voc 文件等。

2. MIDI 文件，主要有：*.mid/*.rmi 文件，只包含产生某种声音的指令，是一种音乐演奏指令序列；*.cmf 文件等。

3. 模块文件，既有声音数据又包含指令序列，有：*.mod、*.s3m、*.xm、*.far、*.cmf、*.kar、*.mtm、*.it 等。

（九）常用的图像文件格式

1. GIF 格式

GIF 格式（图形交换格式）形成一种压缩的 8 位图像文件，这种格式的文件目前多用于网络传输 GIF 格式的不足之处在于它只能处理 256 色，不能用于存储真彩色图像。

2. BMP 格式

BMP 格式是微软 Windows 应用程序所支持的，特别是图像处理软件，基本上都支持 BMP 格式，BMP 格式可简单分为黑白、16 色、256 色、真彩色几种格式，其中前 3 种有彩色映像。

3. JPG 格式

JPG 是 JPEG 的缩写，JPEG 几乎不同于当前使用的任何一种数字压缩方法，它无法重建原始图像。

4. PSD 格式

PSD 格式是 Photoshop 的一种专用存储格式。

5. FLM 格式

FLM 格式是 Premiere 的一种输出格式。Adobe Premiere 将视频片断输出成一个长的竖条，竖条由独立方格组成，每一格即为一帧。

6. EPS 格式

EPS 格式是许多高级绘图软件都有的一种矢量方式，如 CorelDraw、Freehand、Illustrator 等软件。对 Adobe Premiere 而言，主要是支持 Adobe Illustrator 插图软件的平滑连接。处理静态图像的很多技术，同样使用于动态图像。静态图像对 Adobe Premiere 而言，是一种必不可少的素材。

7. FLC 格式

FLC 格式是 AutoDesk 公司的动画文件格式，使用过 3DS、3DS MAX 的人一定不陌生，FLC 格式从早期的 FLI 格式演变而来的，是一个 8 位动画文件，其尺寸大小可任意设定。实际上，它的每一帧都是一个 GIF 图像，但所有的图像都共用同一个调色板。

8. TGA 格式

True vision 公司的 TGA 文件格式已广泛地被国际上的图形、图像制作工业所接受，它最早由 AT&T 引入，用于支持 Taiga 和 ATVISTA 图像捕获板。现已成为数字化图像以及光线跟踪和其他应用程序（典型的如 3DS）所产生的高质量的图像的常用格式。为捕获电视图像所设计的一种格式，所以，TGA 图像总是按行存储和进行压缩的，这使它同时也成为由计算机产生的高质量图像电视转换的一种首选格式，如图 1-7。

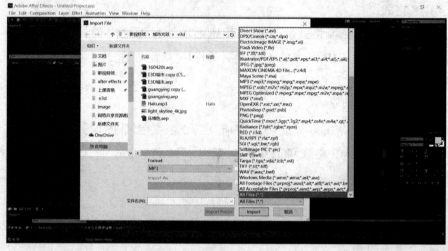

图 1-7

三、影视术语

(一) 场景

一个场景也可以称为一个镜头，它是视频作品的基本元素。大多数情况下它是摄像机一次拍摄的一小段内容。

(二) 字幕

字幕的意义不必多说，只要看过电视的人都见过。其实字幕并不只是文字，图形、照片、标记都可以作为字幕放在视频作品中。字幕可以像台标一样静止在屏幕一角，也可以做成节目结束后滚动的工作人员名单。

(三) 转场过渡

两个场景之间如果直接连起来的话，许多情况会感觉有些突兀。这时使用一个切换效果在两个场景进行过渡就会显得自然很多。最简单的切换就是淡入淡出效果，再专业一点还能让后面的画面以 3D 方式飞进来等。切换是视频编辑中相当常用的一个技巧，如图 1-8。

(四) 滤镜

通过在场景上使用滤镜，你可以调整影片的亮度、色彩、对比度等。

(五) 特殊效果

就像电视上经常看到的各种花样，比如图像变形、飞来飞去的窗口等，利用软件的特殊效果插件也可以很轻松地制作出来。

(六) QuickTime

Apple 公司开发的一种系统软件扩展，可在 Macintosh 和 Windows 应用程序中综合声音、影像以及动画。QuickTime 电影是一种在个人计算机上播放的数字化视频。

（七）Microsoft Video for Windows

　　Microsoft 公司开发的一种影像格式，可在 Windows 应用程序中综合声音、影像以及动画。AVI 电影是一种在个人计算机上播放的数字化视频。

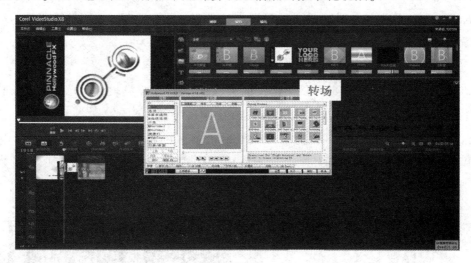

图 1-8

（八）Capture（获取）

　　将模拟原始素材（影像或声音）数字化并通过使用 Adobe Premiere Movie Capture 或 Audio Capture 命令直接把图像或声音录入 PC 机的过程。

第二节　常用的影视特效和合成软件

　　目前市场上有多种数字合成软件，软件可以分为面向流程的合成软件和面向层的合成软件。

　　面向流程的合成软件把合成画面所需要的一个个步骤作为单元，每一个步骤都接受一个或几个输入画面，对这些画面进行处理，并产生一个输出画面。通过把若干个步骤连接起来，形成一个流程，从而使原始素材经过种种处理，最终得到合成结果，Shake、Digital Fusion 等软件都属于这类。

　　面向层的软件把合成软件划分为若干层次，每个层次一般对应一段原始素材。通过对每一层进行操作，如增加滤镜、扣像、调整等，使每一层画面满足合成的需要，最后把所有层次按一定的顺序叠合起来，就可以得到最终的合成画面。

After Effects 等属此类。

对于基于流程的和基于层的合成软件来说，前者更擅长制作精细的特技镜头，后者则具有较高的制作效益，可谓各有所长。前者由于流程的设计不受层的局限，因此可以设计出任意复杂的流程，有利于对画面进行非常精细的调整，比较适合于电影体及类的合成效果，后者则比较直观，易于上手，制作速度快。

比较具有代表性的合成软件介绍：

1. NUKE

NUKE 是由 The Foundry 公司研发的一数码节点式合成软件，已经过 10 年的历练，曾获得学院奖（Academy Award）。在数码领域，NUKE 已被用于近百部影片和数以百计的商业和音乐电视，NUKE 具有先进的将最终视觉效果与电影电视的其余部分无缝结合的能力，无论所需应用的视觉效果是什么风格或者有多复杂，如图 1-9。

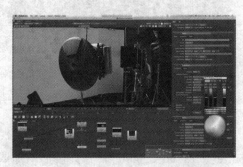

图 1-9

2. DFusion

DFusion 是一个高端的、用于影视后期、独立的图像处理的特效的合成平台。DFusion 里的工具都是由专业特效艺术家和编辑（者）根据影视制作需要，专门研发产生的。这些先进的工具已经全面地合成在软件中，容易满足（应付）未来影视合成发展特性要求，适合高端广播视频、WEB、DVD 以及多种视频格式。DFusion 的结构是先进、准确，多线程处理的环境、精确的流水线管理，确保用户在使用资源、框架预装载以及保存的同时处理其他框架。这使得 DFusion 完全可以利用多处理器的资源，加速渲染速度。即使在单一处理机上加工，容错能力同样能够得到显著加强。多线程结构的另一个好处就是 DFusion 能在多台工作站系统渲染不同的特效，提高效率。由于 DFusion 面向实际应用的设计，软件的各种构件能够被有效地与不同路径的任何项目结合。任何操作都能够设置关键帧，从而形成动画。运动跟踪系统能够像建立运动路径那样非常容易地对一个点实施跟

踪，并且能通过想象得到的任何方法使用这些工具。从而使更多炫目、不寻常的
效果成为可能。DFusion 使你在图像及特效领域能够发挥无限创造力，如图 1-10。

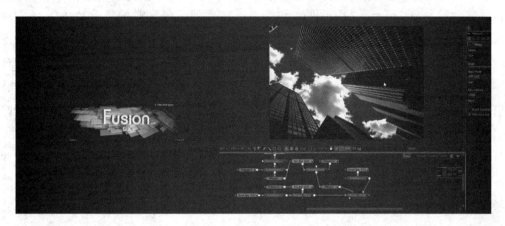

图 1-10

3. Combustion

Combustion 是 Discreet 公司出品的第一个运行在 Windows NT 和 Macintosh 环境
下的高级特效软件，它具备了创建极具震撼视觉效果所需的高运算速度和优良的
可视化交互性能。它提供了许多强有力的工具来设计、动画、合成等，最终实现
创造性想象。Combustion 的高级结构将图像加速、多处理器支持和多场景视图等
有机地集成在一起，从而提出了台式机上可视化交互的新标准。可以使用无压缩
的视频素材在与分辨率无关的工作区中进行合成工作，如图 1-11。

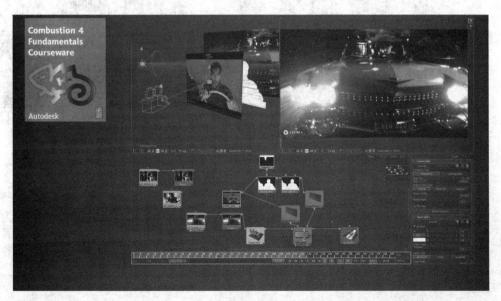

图 1-11

4. After Effects

After Effects 是 Adobe 公司出品的一款用于高端视频编辑系统的专业非线性编辑软件（简称 AE）。它借鉴了许多软件的成功之处，将视频编辑合成上升到了新的高度。Photoshop 中层概念的引入，使 After Effects 可以对多层的合成图像进行控制，制作出天衣无缝的合成效果；关键帧、路径概念的引入，使 After Effects 对于控制高级的二维动画如鱼得水；高效的视频处理系统，确保了高质量的视频输出；而令人眼花缭乱的光效和特技系统，更使 After Effects 能够实现使用者的一切创意。

After Effects 还保留有 Adobe 软件优秀的兼容性。在 After Effects 中可以非常方便地调入 Photoshop 和 Illustrator 的层文件；Premiere 的项目文件也可以近乎于完美的再现于 After Effects 中；在 After Effects 中，甚至还可以调入 Premiere 的 EDL 文件。

相对于 Premiere 来说，After Effects 更擅长于数字电影的后期合成制作。现在，After Effects 已经被广泛地应用于数字电视、电影的后期制作中，而新兴的多媒体和互联网也为 After Effects 提供了宽广的发展空间，如图 1-12。

图 1-12

5. Premiere

Premiere 是一款常用的视频编辑软件，由 Adobe 公司推出，是一款编辑画面质量比较好的软件，有较好的兼容性，且可以与 Adobe 公司推出的其他软件相互协作。目前这款软件广泛应用于广告制作和电视节目制作中，如图 1-13。

图 1-13

6. Final Cut Pro

Final Cut Pro 是苹果公司开发的一款专业视频非线性编辑软件，第一代 Final Cut Pro 在 1999 年推出。最新版本 Final Cut Pro X 包含进行后期制作所需的一切功能。导入并组织媒体、编辑、添加效果、改善音效、颜色分级以及交付，所有操作都可以在该应用程序中完成，如图 1-14。

图 1-14

7. Houdini （电影特效魔术师）特效方面非常强大、特效制作与合成

是 Side Effects Software 的旗舰级产品，是创建高级视觉效果的终极工具，因为它的横跨公司整个产品线的能力，Houdini Master 为那些想让电脑动画更加精彩的艺术家们具有空前的能力和工作效率。它是特效方面非常强大的软件。许多电影特效都是由它完成：《指环王》中"甘道夫"放的那些"魔法礼花"还有"水马"冲垮"戒灵"的场面，《后天》中的龙卷风等等，只要是涉及 DD 公司制作的好莱坞一线大片，几乎都会有 Houdini 参与和应用，如图 1–15。

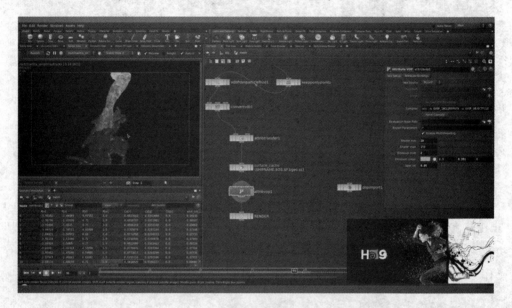

图 1–15

8. C4D（Cinema 4D）

Cinema 4D 是一套由德国公司 Maxon Computer 开发的 3D 绘图软件，以极高的运算速度和强大的渲染插件著称。Cinema 4D 应用广泛，在广告、电影、工业设计等方面都有出色的表现，例如影片《阿凡达》就有使用 Cinema 4D 制作了部分场景，在这样的大片中看到 C4D 的表现是很优秀的。在其他动画电影中有很多也使用到 C4D，如《毁灭战士》（Doom）、《范海辛》（Van Helsing）、《蜘蛛侠》以及动画片《极地特快》、《丛林总动员》（Open Season）等，它正成为许多一流艺术家和电影公司的首选。Cinema 4D 已经走向成熟，很多模块的功能在同类软件中是代表科技进步的成果。现如今，在栏目片头、栏目包装制作上，C4D 正在以迅雷不及掩耳之势取代其他各大三维软件，可见其发展迅猛之势，如图 1–16。

图 1-16

9. Sony Vegas（VegasMovieStudio）

SonyVegas 是一个专业影像编辑软件，现在被制作成为 VegasMovieStudio™，是专业版的简化而高效的版本。对于视频制作新手来讲，这也是一款极佳的入门级视频编辑软件。Vegas 为整合影像编辑与声音编辑的软件，其中无限制的视轨与音轨更是其他影音软件所没有的特性。在效益上更提供了视讯合成、进阶编码、转场特效、修剪及动画控制等。不管是专业人士还是刚入门的初学者，都可因其简易的操作界面而轻松上手。另外，很多电视台的视频编辑软件也有选择用此软件的，如图 1-17。

图 1-17

如果大家掌握了一两种合成软件的使用方法就会发现，所有这些软件都具有实现这些原理的相同手段，从本质上讲并没有太大的区别，只不过界面形式、操作方式等有不同而已。如果能意识到这一点，再学习其他合成软件，就会易如反掌了。对一个特效合成师来说，软件的选择固然重要，但是，对镜头的把握、对影片的感觉则是更为重要的。在掌握了一种特效合成软件的同时，要多观察、学习软件以外的知识，并将其融合到自己的影片中。只有这样，才能成为一个出色的特效合成师。

10. 3DS Max

3D Studio Max，常简称为 3DS Max 或 MAX，是 Discreet 公司开发的（后被 Autodesk 公司合并）基于 PC 系统的三维动画渲染和制作软件。其前身是基于 DOS 操作系统的 3D Studio 系列软件。在 Windows NT 出现以前，工业级的 CG 制作被 SGI 图形工作站所垄断。3D Studio Max + Windows NT 组合的出现一下子降低了 CG 制作的门槛。首先开始运用在电脑游戏中的动画制作，后更进一步开始参与影视片的特效制作，例如 X 战警 II、最后的武士等。在 Discreet 3Ds Max 7 后，正式更名为 Autodesk 3ds Max，最新版本是 3ds Max 2015。如果制作带有三维效果的视频片头，Max 也是上上之选的三维软件，如图 1-18。

图 1-18

11. Maya

Autodesk Maya 是美国 Autodesk 公司出品的世界顶级的三维动画软件，应用对象是专业的影视广告、角色动画、电影特技等。Maya 功能完善、工作灵活、易学易用、制作效率极高、渲染真实感极强，是电影级别的高端制作软件。Maya 售价高昂，声名显赫，是制作者梦寐以求的制作工具。掌握了 Maya，会极大地提高制作效率和品质，调节出仿真的角色动画，渲染出电影一般的真实效果，向世界顶级动画师迈进。Maya 集成了 Alias、Wavefront 最先进的动画及数字效果技术。它不仅包括一般三维和视觉效果制作的功能，而且还与最先进的建模、数字化布料模拟、毛发渲染、运动匹配技术相结合。Maya 可在 Windows NT 与 SGI IRIX 操作系统上运行。在目前市场上用来进行数字和三维制作的工具中，Maya 是首选解决方案，如图 1-19。

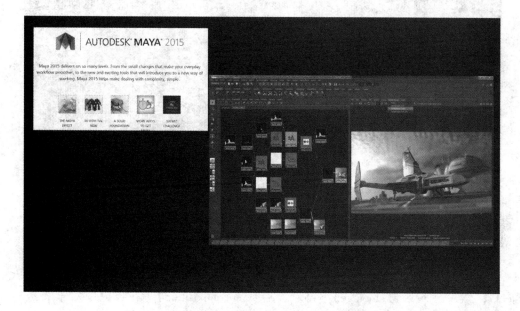

图 1-19

第三节 栏目包装制作流程

图 1-20 实例完成效果

使用 After Effects（以后简称 AE）工作的一般流程是：首先要新建工程（project），然后导入素材(footage)，再新建合成（composition），在合成中对素材进行加工，最后渲染（render）输出（export）。按如下方法新建工程 File > New > New Project ，保存 File > Save As。进行以上操作之后，就拥有一个工程了，接下来要学的就是导入（import）素材文件。

一、导入素材与建立合成

本节主要内容如下：

1. 怎么导入素材

2. 新建工程 & 合成

1. 目前有以下几种方法可以导入素材：

（1）File > Import > File

（2）Ctrl+I（导入素材的快捷键）

（3）双击工程（project）窗口空白处，如图 1-21。

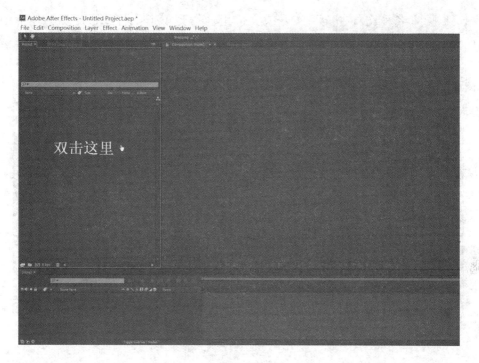

图 1-21

　　进行上述任一操作之后就会出现导入素材的对话框，我们可以选择一个或多个文件，点击 open（打开）即可导入。

　　本实例素材是 PNG 序列帧图像序列，选择序列图像的第一张 seq_rgba0000，同时勾选 sequence　Optione>PNG sequence，将静止图像序列作为素材导入，如图 1-22。

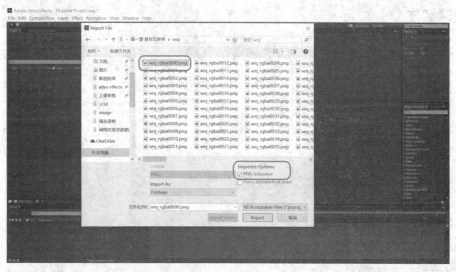

图 1-22

可以导入各种文件、文件集合或文件组件作为单个素材项目的源，包括移动图像文件、静止图像文件、静止图像序列和音频文件，如图 1-23。

图 1-23

现在素材已经导入到工程窗口中了。素材是按文件名来排列的，还可以看到素材的名称（name）、类型（type）、大小（size）等，如图 1-24。

图 1-24

2. 新建工程与合成

（1）选择"composition 合成"＞"New composition 新建合成"（Ctrl+N），或将素材"seq_rgba [0000-0081] .png"按住鼠标拖动至图标 composition Setting

处，松开鼠标，这样就建立了一个同素材时长、尺寸相同的 composition 合成文件，这是一种常用的技巧，如图 1–25。

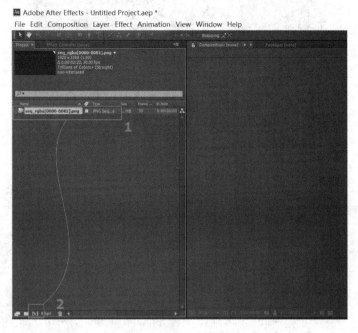

图 1–25

（2）当点击 Composition > New Composition 之后，就会出现合成设置窗口，如图 1–26 可以设置合成大小、分辨率（Resolution）、像素比（Aspect Ratio）、帧率（Frame rate）、时长（Duration）等，如图 1–27。

Advance 标签下还有一些扩展选项，应该自己尝试一下，看看不同选项的合成有什么不同。

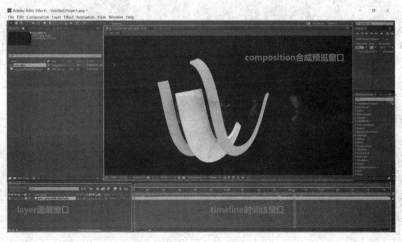

图 1–26

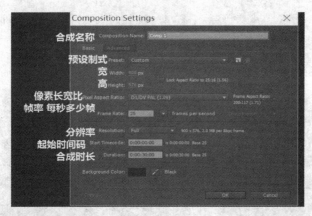

图 1-27

二、制作文字动画

本节主要内容如下：
1. 文字的输入
2. 文本动画制作

1. 文字的输入：使用"T"文字工具在 composition 预览窗口输入"Creative"，建立文字图层。

2. 文本动画制作：与 After Effects 中的其他图层一样，可以为整个文本图层设置动画。不过，文本图层提供的附加动画功能可用于为图层内的文本设置动画。

图 1-28

（1）使用动画制作器和选择器为文本设置动画包括三个基本步骤，如图 1-28。

A、添加 "Animate>" 动画制作器以指定为哪些属性设置动画。

B、使用 Range Selector 范围选择器来指定每个字符受动画制作器影响的程度。

C、添加动画制作器 Property 属性，如图 1-29。

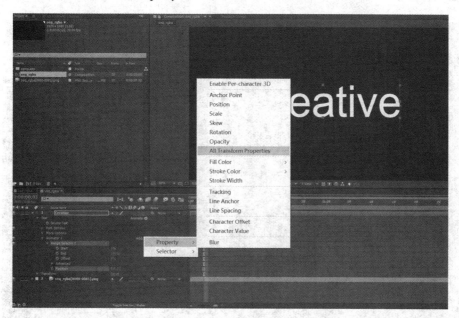

图 1-29

（2）设定从第一个字符到最后一个字符逐渐为不透明度设置动画，可以添加不透明度动画制作器，将 "Opacity 不透明度" 值（在动画制作器属性组中）设置为 0，然后将默认选择器的 "offset 偏移" 属性的关键帧设置为在 0 秒处为 0%，在以后某个时间为 100%。

（3）设定字符的 Position 位置：在 "timeline 时间轴" 面板中指定此属性的值，也可以通过在 "时间轴" 面板中选择此属性，然后使用选择工具在 "合成" 面板中拖动图层（当选择工具位于文本字符上时，它将变为移动工具 ）来修改此属性，如图 1-30。

图 1-30

（4）最后丰富文字动画效果，添加 Property 属性>Blur（模糊）和 Fill color（填充颜色）。

（5）增加文字图层"创造全新未来"，制作由小至大的缩放效果。参考图 1–31 的参数设定制作文本动画。

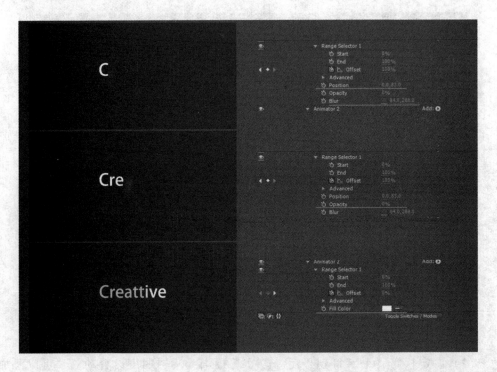

图 1–31

（6）调整 "seq_rgba [0000–0081] .png" 与文字图层的入场、出场时间，完成 seq_rgba 的 comp 合成制作。

三、素材的操作与 keyframe 的动画

本节主要内容如下：

1. 素材的变换

2. 素材的关键帧添加

3. 固色层

操作步骤如下：

（1）导入素材文件夹中的镜头穿梭>地球的几张图片素材，Composition > New Composition 新建一个宽 720 像素、高 480 像素，时长为 9 秒的合成文件，命名为 main；将 earthStill.Tga 图片素材拖入时间线，如图 1–32。

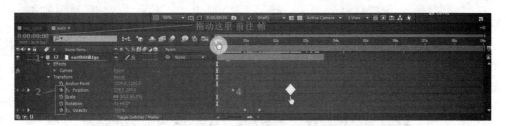

图 1-32

（2）点开 ⏱ 关键帧开关，调整图像大小 Scale（缩放）、position（位置）和 opacity（透明度），参考图1-33 中数值。

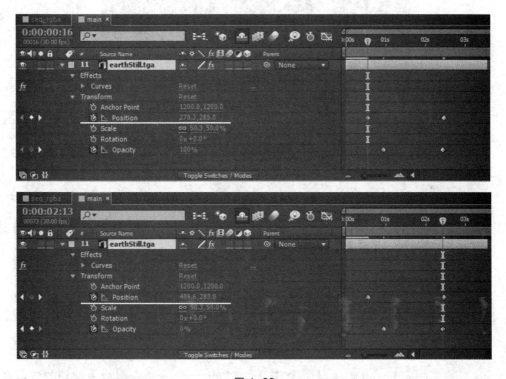

图 1-33

（3）向后拖动时间指针，调整 position（位置）和 opacity（透明度）参数数值，参考图右侧数值。

（4）关键帧菱形图标可以使用鼠标指针选择，变为黄色后移动、删除，关键帧的选择可以使用快捷键"J"（前一帧）"K"（后一帧）。

（5）导入 07.jpg 图片素材，入场时间调整为 00027 帧，出场时间调整为 00061 帧，并使用快捷键"ALT+ ["与"ALT+]"剪辑素材片段，同样按照（1）～（4）的步骤，参考图 1-34 的数值设定关键帧动画。

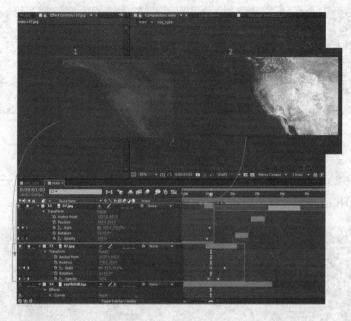

图 1–34

（6）新建一个固色层 layer>New>Solid，color（颜色）为白色，制作时长约为 5 帧的闪白效果，如图 1–35。

图 1–35

（7）导入 03.jpg、01.jpg 图片素材，重复以上步骤，参考图片关键帧的参数和时间的设定，如图 1–36。

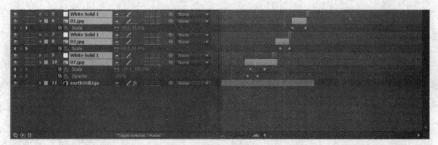

图 1–36

（8）导入 Creattive.mov 视频素材，剪辑影片片段，修改 Stretch> Stretch factor（拉伸系数）为 73%，给视频加速，如图 1-37。

图 1-37

（9）给图层添加 effects（效果）>color correction（色彩调整），Tint（单色），并添加关键帧动画，让影片由彩色变为黑白；适当地调整 Curves（曲线）调整明度，hue/saturation（色相/对比度），如图 1-38。

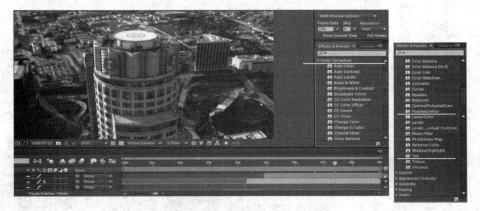

图 1-38

（10）将 "seq_rgba.comp" 合成拖入 "main.comp" 合成文件中，调整入场与出场时间，如图 1-39。

图 1-39

四、制作并输出最终合成动画

> 本节主要内容如下：
> 1. 保存相关
> 2. 导出合成
> 3. 渲染设置

进入 Edit > Preferences > Auto Save，这里可以设置自动保存的频率和最多保存几个文件，超过就覆盖原来保存过的文件。AE 的另外一个很酷的功能是 File > Increment and Save，通过点击这个，工程就会以 comp_01.aep 的形式保存，再次点击则保存为 comp_02.aep，以此类推。这样做的好处是一旦对现在的工作不满意，可以随时回到以前工作过的状态；想要导出工程，只要点击 File > Export，然后选择要导出的格式，如图 1-40。

图 1-40

最好的办法是使用渲染列队（render queue）渲染（render）工程。可以一次渲染多个合成，AE 会根据顺序一一渲染输出。渲染时间根据合成的复杂程度，由几秒钟到几个小时，甚至更长。如果喜欢用快捷键 Ctrl+Shift+/ 添加合成到渲染列队，这样比较快捷，但是首先确保选中了合成。也可以通过 Composition > Add to Render Queue 实现相同的功能，如图 1-41。

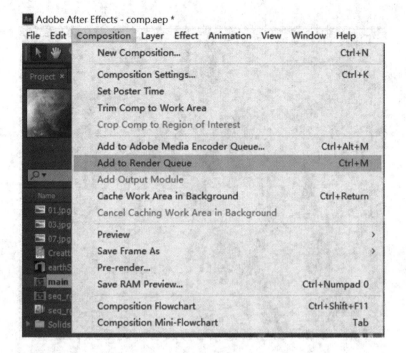

图 1-41

　　将合成添加到渲染列队之后，渲染列队面板就会自动出现，通常会出现在底部。点击 Current Render 旁边的小三角，可以找到上次使用的设置，可以看到在渲染之前有三部分可更改的地方，设置 Render Settings（渲染选项）、输出模组（Output Module）和输出文件夹（Output To），如图 1-42。

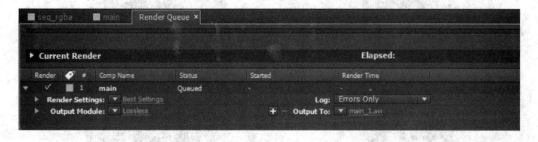

图 1-42

渲染选项（Render Settings）如图 1-43。

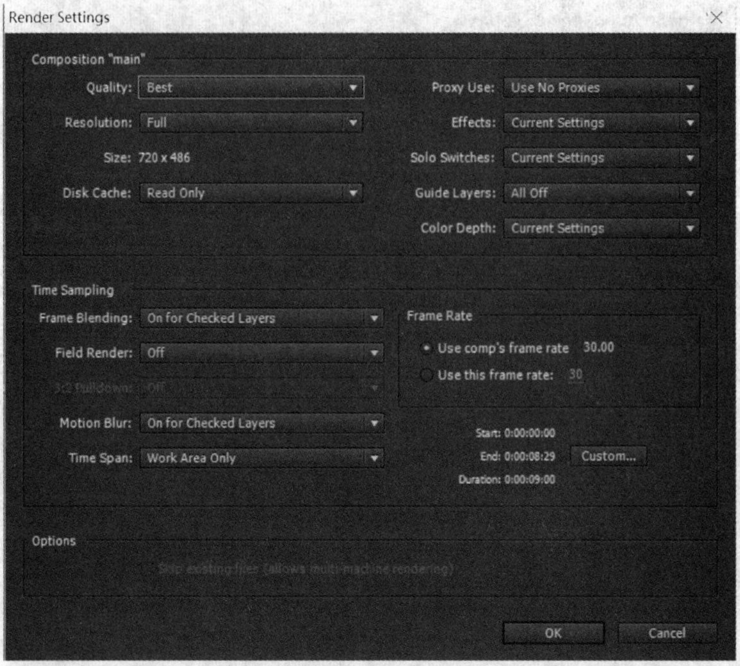

图 1-43

输出模组（Output Module）如图 1-44。

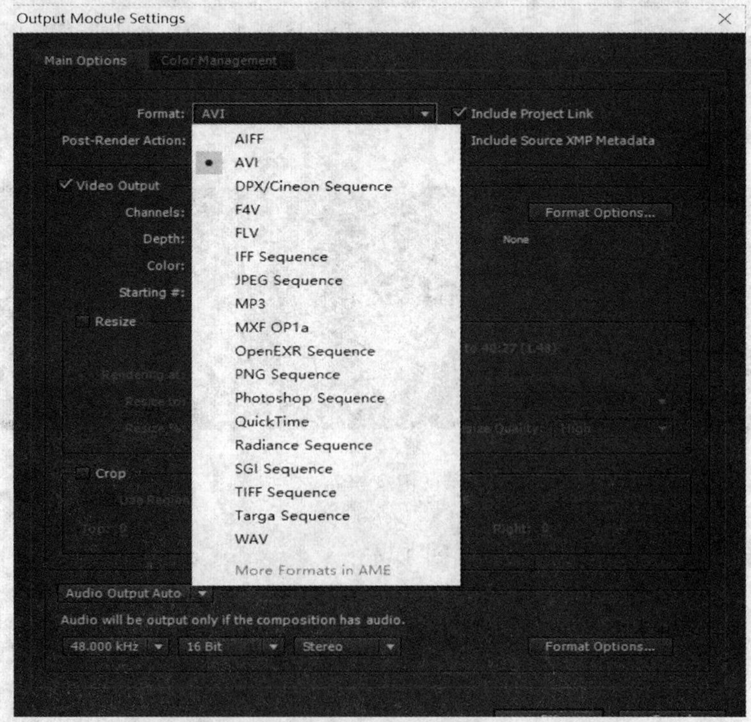

图 1-44

当选择 Formart（格式）时可以看到下拉列表中有很多种格式。其中有的格式里有 SEQUENCE（序列）这个单词，这说明我们可以把影片输出层图像序列。同时，应该了解不同格式的不同用途，比如 FLV（ADOBE FLASH VIDEO）一般用于网页，可以把影片输出成 DVD、CD、FLV、SWF 等。

输出文件夹（Output to）如图 1-45。

图 1-45

设置好以上的渲染选项，输出模组，保存文件夹之后，点击 render 按钮，就可以开始渲染了；渲染完成后会听到声音提示，如图 1-46。

图 1-46 渲染完成的成片

五、技术回顾和拓展训练

技术回顾：

本案例通过 After effects 中对图层的关键帧设置、文字动画的学习，制作短片片段，从而了解 AE 工作的主要工作流程：从新建工程（project）、合成（composition），导入素材（footage），在合成中对素材加以制作，到最后的渲染

（render）输出（export）。

拓展训练：

根据掌握的制作方法，制作一个企业宣传片，注意文字动画的动画属性和动画选择器的关键帧设置。

第二章 "扫光字"项目的蒙版与遮罩技术应用

第一节 遮罩与蒙版的基本功能

一、遮罩动画的原理

蒙版就是通过蒙版层中的图形或轮廓对象，透出下面图层中的内容。简单地说蒙版层就像一张纸，而蒙版图像就像是在这张纸上挖出的一个洞，通过这个洞来观察外界的事物。如一个人拿着一个望远镜向远处眺望，而望远镜在这里就可以当作蒙版层，看到的事物就是蒙版层下方的图像。

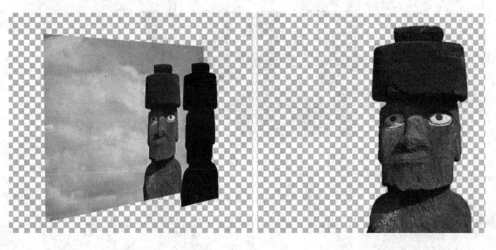

图 2-1

一般来说，蒙版需要有两个层，而在 After Effects CC 软件中，蒙版可以在一个图像层上绘制轮廓以制作蒙版，看上去像是一个层，也可以将其理解为两个层：一个是轮廓层，即蒙版层；另一个是被蒙版层，即蒙版下面的层。蒙版层的轮廓决定看到的图像形状，而被蒙版层决定看到的内容，如图2-1。

蒙版动画可以理解为一个人拿着望远镜眺望远方，在眺望时不停地移动望远镜，看到的内容就会有不同的变化，这样就形成了蒙版动画。当然，也可以理解为望远镜静止不动，而画面在移动，即被蒙版层不停运动，以此来产生蒙版动画效果。

二、创建蒙版

蒙版主要用来制作背景的镂空透明和图像间的平滑过渡等，蒙版有多种形状，在 After Effects 自带的工具栏中，可以利用相关的蒙版工具进行创建，比如矩形、圆形和自由形状蒙版工具。

利用 After Effects 软件自带的工具创建蒙版，首先要具备一个层，可以是纯色层，也可以是素材层或其他图层，在相关的层中创建蒙版。一般来说，在纯色层上创建蒙版的较多，纯色层本身就是一个很好的辅助层。

（一）形状工具创建蒙版

形状工具创建蒙版很简单，在 After Effects 软件中自带的形状蒙版工具进行创建，其创建方法如下：

1. 单击工具栏的【Rectangle Tool】 按钮或点击其他工具，如图2-2。

图 2-2

2. 在合成窗口中，按住鼠标拖动即可绘制一个矩形蒙版区域，在矩形蒙版区域中，将显示当前层的图像，矩形以外的部分将变成透明。如图2-3、图2-4。

图 2-3

图 2-4

(二)钢笔工具创建自由蒙版

要想随意创建多边形蒙版,就要用到【Pen Tool】 ![pen] ,它不但可以创建封闭的蒙版,还可以创建开放的蒙版。利用【Pen Tool】的好处在于,它的灵活性更高,可以绘制直线,也可以绘制曲线,可以绘制直角多边形,也可以绘制弯曲的任意形状。

使用【Pen Tool】 ![pen] 创建自由蒙版的过程如下:

1. 单击工具栏中的【Pen Tool】 ![pen] 按钮,选择钢笔工具。

2. 在【Composition】窗口中,单击创建第一个点,然后直接单击可以创建第二个点，如果连续单击下去可以创建一个直线的蒙版轮廓，如图 2-5。

如果按住鼠标并拖动，则可以绘制一个曲线点以创建曲线，多次创建后，可以创建一个弯曲的曲线轮廓，当然，直线和曲线是可以混合应用的。

如果想绘制开放蒙版，可以绘制到需要的程度后，按住 Ctrl 键的同时在合成窗口中单击鼠标，即可结束绘制。如果要绘制一个封闭的轮廓，则可以将光标移动到开始点的位置，当光标变成 形状时，单击鼠标，即可将路径封闭，如图 2-6。

图 2-5

图 2-6

三、蒙版形状的修改

（一）节点的选择

不管用哪种工具创建蒙版形状，都可以从创建的形状上发现小的矩形控制点，这些矩形控制点就是节点。

选择的节点与没有选择的节点是不同的，选择的节点小方块将呈现实心矩形，而没有选择的节点呈镂空的矩形效果。

选择节点的方法：

方法 1：单击选择。使用【Selection Tool】 ，在节点位置单击，即可选择一个节点。如果想选择多个节点，可以按住 shift 键的同时，分别单击要选择的节点即可。

方法 2：使用拖动框。在合成窗口中，单击拖动鼠标，将出现一个矩形选框，被矩形选框框住的节点将被选择，如图 2-7。

图 2-7

移动节点，其实就是修改蒙版的形状，通过选择不同的点并移动，可以将矩形改变成不规则矩形。

移动节点的操作方法如下：

选择一个或多个需要移动的节点。

使用【Selection Tool】 拖动节点到其他位置。

（二）添加/删除节点

绘制好的形状，还可以通过后期的节点添加或删除操作来改变形状的结构。

使用【Add Vertex Tool】 ，在现有的路径上单击，可以添加一个节点，通过添加该节点，可以改变现有轮廓的形状；使用【Delete Vertex Tool】 ，在现有的

37

节点上单击，即可将该节点删除。

（三）节点的转换

在 After Effects 软件中，节点可以分为两种：

角点：点两侧的都是直线，没有弯曲角度。

曲线点：点的两侧有两个控制柄，可以控制曲线的弯曲程度，如图 2-8。

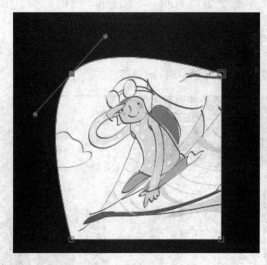

图 2-8

通过工具栏中的【Convert Vertex Tool】 ，可以将角点和曲线点进行快速转换。

四、蒙版属性的修改

（一）蒙版的混合模式

绘制蒙版形状后，在时间线面板上展开该层列表选项，将看到多出一个【Mask】属性，展开该属性，可以看到蒙版的相关参数设置选项，如图 2-9。

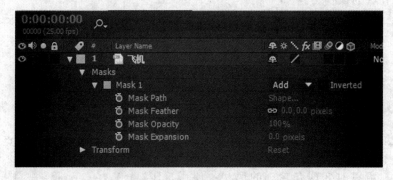

图 2-9

其中，在蒙版 1 右侧的下拉菜单中显示了蒙版混合模式选项，如图 2-10。

图 2-10

1.【None】

选择此模式，路径不起蒙版作用，只作为路径存在，可以对路径进行描边、光线动画或路径动画的辅助。

2.【Add】

默认情况下，蒙版使用的是【Add】命令，如果绘制的蒙版中，有两个或两个以上的图形，可以清楚的看到俩个蒙版以添加的形式显示效果，如图 2-11。

图 2-11

3.【Subtract】

如果选择【Subtract】选项，蒙版的显示将变成镂空的效果，这与勾选【Mask 1】右侧的【Inverted】复选框相同，效果如图 2-12。

图 2-12

4.【Intersect】

如果两个蒙版都选择【Intersect】选项,则两个蒙版将产生交叉显示的效果,如图 2-13。

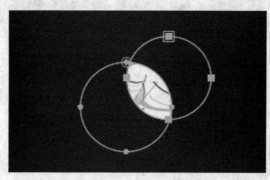

图 2-13

5.【Lighten】

【Lighten】对于可视区域来说,与【Lighten】模式相同,但对于重叠处的则采用透明度较高的那个值。

6.【Darken】

【Darken】对于可视区域来说,与【Intersect】模式相同,但对于蒙版重叠处,则采用透明度值较低的那个。

7.【Difference】

如果两个蒙版都选择【Difference】选项,则俩个蒙版将产生交叉镂空的效果,如图 2-14。

在时间线面板中,展开【Mask】列表选项,单击【Mask Path】右侧的【Shape …】

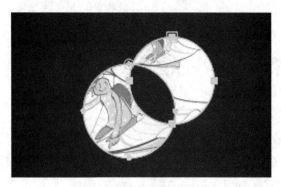

图 2-14 修改蒙版的大小

文字链接，将打开【Mask Shape】对话框。在【Bounding Box】选项组中，通过修改【Top】、【Left】、【Right】、【Bottom】选项的参数，可以修改当前蒙版的大小，而通过【Units】右侧的下拉菜单，可以修改值设置一个合适的单位，如图 2-15。

通过【Shape】选项组，可以修改当前蒙版的形状，将其他的形状快速修改成矩形或椭圆形，选择【Rectangle】复选框，将该蒙板形状修改成矩形；选择【Rounder Rectangle】复选框，将该蒙版形状修改成椭圆形。

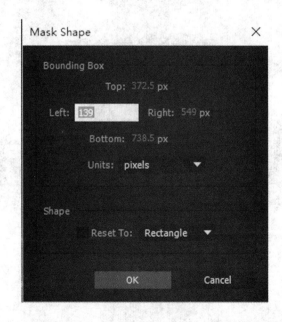

图 2-15

第二节 扫光文字效果项目制作

项目名称:制作"扫光字"效果。

项目目的:通过制作"扫光字"效果,掌握蒙版与遮罩原理及应用。

技术要点: Mask 的使用。

本项目为利用轨道蒙版以及遮罩配合使用制作简单扫光效果。

1. 使用 After Effects> 在项目窗口> 单击鼠标右键>Import > File...

2. 以素材大小为标准新建合成。

3. 使用文字工具,在合成窗口中输入文字【WELCOME TO YOUR NEW NIGHTMARE】在【Character】面板中,设置文字字号以及合适的行距跟颜色,如图2-16。

图 2-16

4. 执行菜单命令中的 Layer>New>Solid,打开【Solid Settings】对话框,设置【Name】为【Light】,【Color】为【White】,如图 2-17。

5. 选中【光】层,在工具栏中选择【Pen Tool】,绘制一个长方形路径,按 F 键打开【Mask Feather】属性,设置【Mask Feather】的值为(16,16),如图 2-18。

图 2-17

图 2-18

6. 选中【光】层，将时间调整到合成起始位置，按 P 键打开【Position】属性，设置【Position】的值为（360，288），单击【Position】左侧的码表记录当前关键帧，如图 2-19。

7. 将时间调整到 1 秒 15 帧的位置，设置【Position】的值为（916，288），系统会自动记录关键帧。

43

图 2–19

8. 在时间线面板中，将【光】层拖动到文字层下面，设置【光】层的【Trck Matte】为【Alpha】遮罩【WELCOME TO YOUR NEW NIGHTMARE】，如图 2–20，图 2–21。

图 2–20

图 2–21

9. 选中文字层，按 Ctrl+D 组合键复制出另一个新的文字层并拖到【光】层下面，如图 2-22。

10. 这样就完成了利用轨道遮罩制作扫光文字效果的整体效果，按小键盘上的【0】键，即可预览动画，如图 2-23。

图 2-22

图 2-23

技术回顾

本章节的内容主要讲解了蒙版概念及蒙版的操作。首先讲解了蒙版的原理，还讲解了蒙版的应用，包括矩形、椭圆形和自由形状蒙版的创建，蒙版形状的修改，节点的选择、调整、转换操作，蒙版属性的设置及修改，蒙版的模式、路径、羽化、透明度和扩展的修改及设置，蒙版动画的制作技巧。

项目拓展

项目名称：Mg 动画简单过场效果。

项目要求

使用本节课制作扫光文字的制作方法，自行制作其他类似过光效果。

第三章 "虚拟演播室"项目
的抠像技术应用

抠像一词是从早期电视制作中得来的,英文名称为 Key,意思是通过定义图像中特定范围内的颜色值或亮度值来获取透明通道,一般情况下,在拍摄需要抠像画面的时候,都使用蓝色或绿色的幕布作为载体。这是因为人体中含有的蓝色和绿色是最少的,另外蓝色和绿色也是三原色(RGB)中的两个主要色,颜色纯正,方便后期处理。

抠像的好坏取决于两个方面,一方面是前期拍摄的源素材,另一方面是后期合成制作中的抠像技术。针对不同的镜头,其抠像的方法和结果也不相同。

抠像在实际的视频制作过程中,应用非常广泛,如图 3-1。

图 3-1

第一节　常用的抠像滤镜

一、Color Range

(一)Color Range 基础

Color Range(色彩范围)滤镜通过键出制定的颜色范围产生透明,可以在 Lab、YUV 或 RGB 任意一个颜色空间中通过指定的颜色范围来设置抠出颜色。通过这种方法，Color Range（色彩范围）可以应用在背景包含多个颜色、背景亮度不均匀和包含相同颜色的阴影（如玻璃、烟雾等）。

执行"Effect（特效）>Keying（抠像）> Color Range（色彩范围）"菜单命令，在 Effect Controls（滤镜控制）面板中展开 Color Range（色彩范围）滤镜的参数，如图3-2。

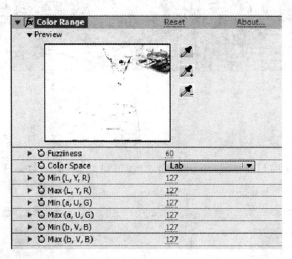

图 3-2

【Color Range（色彩范围）滤镜的参数介绍】

Fuzziness（模糊度）：用于调整边缘的柔化度。

Color Space（颜色空间）:指定抠出颜色的模式，包括 Lab、YUV 和 RGB 这 3 种颜色模式。

Min（L，Y，R）（最小（L，Y，R））：如果 Color Space（颜色空间）模式为 Lab，则控制该色彩的第 1 个值 L；如果是 YUV 模式，则控制该色彩的第 1 个值 Y；如果是 RGB 模式，则控制该色彩的第 1 个值 R。

Max（L，Y，R）（最大（L，Y，R））：控制第 1 组数据的最大值。

Min（a，U，G）（最小（a，U，G）：如果 Color Space（颜色空间）模式为 Lab，则控制该色彩的第 2 个值 a；如果是 YUV 模式，则控制该色彩的第 2 个值 U；如果是 RGB 模式，则控制该色彩的第 2 个值 G。

Max（a，U，G）（最大（a，U，G）：控制第 2 组数据的最大值。

Min（b，V，B）（最小（b，V，B））：控制第 3 组数据的最小值。

Max（b，V，B）（最大（b，V，B））：控制第 3 组数据的最小值。

（二）项目名称："Color Range"效果制作

项目目的：掌握 Color Range 特效的使用。

项目实训：项目的前后对比效果，如图 3-3。

抠像前   抠像合成后

图 3-3

制作步骤：

1. 在 Project（项目窗口）下> 单击鼠标右键>Import（导入）> Multiple Files...（多个文件...），如图 3-4。

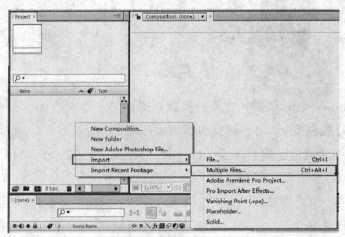

图 3-4

2. 依次导入"水——抠像素材"、土地背景素材，如图 3-5。

3. 选择"抠像素材"图层，执行"Effect（特效）>Keying（抠像）> Color Range（色彩范围）"菜单命令。>设置 Color Space（颜色空间）为 RGB，使用吸管工具吸取画面中的蓝色，再使用工具吸取其他需要变为透明的像素，如图 3-6 所示。如果一次性不能完成操作，可以多次使用吸管工具进行多次操作。参数设置如图 3-7。

图 3-5

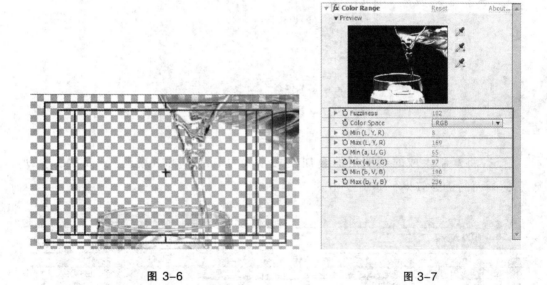

图 3-6   图 3-7

4. 提升"抠像水素材"的细节和对比度。选择"抠像水素材"图层>执行 Edit（编辑）>Duplicite（复制图层）命令，如图 3-8。

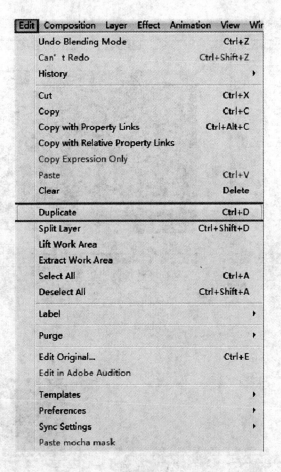

图 3-8

5. 将复制生成的新图层的叠加模式修改为 Hard light（硬光），如图 3-9 所示，画面的最终效果，如图 3-10。

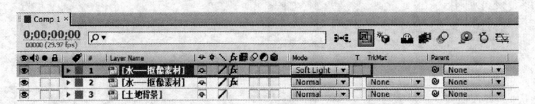

图 3-9

图 3–10

二、Keylight

（一）Keylight 基础

Keylight 是一款蓝绿屏抠像插件，可以通过对制定的颜色来对图像进行抠除，根据内外遮罩进行图像差异比较。Keylight 易于使用，擅长处理反射、半透明区域和头发。

执行"Effect（特效）>Keying（抠像）>Keylight（1.2）（键控）"菜单命令，在 Effect Controls（滤镜控制）面板中展开 Keylight（1.2）（键控）滤镜的参数，如图 3–11。

图 3–11

【Keylight（1.2）（键控）滤镜的参数介绍】

· View（视图）：共有以下 11 种视图查看模式，如图 3-12。

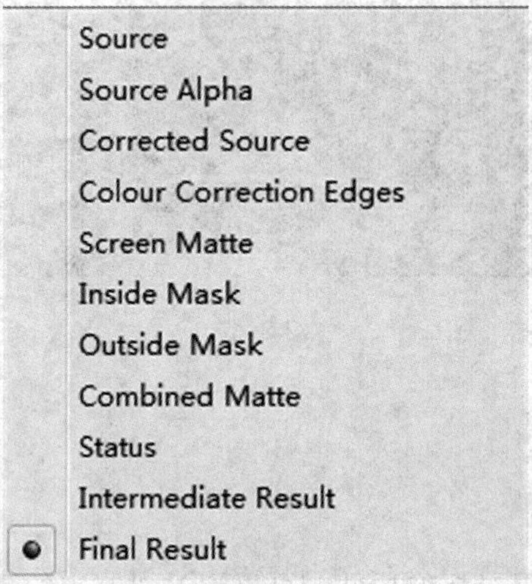

图 3-12

Source（源）：现实原始的素材。

Source Alpha（源 Alpha）：源图像的 Alpha 通道。

Corrected Source（已校正源）：

Colour Correction Edges（边缘色校正）：用于校正特效层的边缘色。

Screen Matte（屏幕蒙版）：显示被抠除蓝绿屏后的 Alpha 结果。

Inside Mask（内侧遮罩）：用于对内部遮罩层进行调节。

Outside Mask（外侧遮罩）：用于对外部遮罩层进行调节。

Combined Matte（合成蒙版）：显示内侧遮罩、外侧遮罩合并后的结果。

Status（状态）：将蒙版效果进行夸张、放大渲染，这样即便是很小的问题在屏幕上也将放大显示出来。

Intermediate Result（中介结果）：显示非预乘的结果。

Final Result（最终结果）：显示调整后的最终效果。

Screen Colour（屏幕色）：用来设置需要被抠出的屏幕色，可以使用该选项后面的 "吸管工具" 在 Composition（合成）面板中吸取相应的屏幕色。

Screen Gain（屏幕增益）：调节屏幕颜色的饱和度。

Screen Balance（屏幕均衡）：设置屏幕的色彩平衡。

Despill Bias：取出溢出颜色的偏移。

Alpha Bias：透明度偏移，可以使 Alpha 通道像某一类颜色偏移。

Screen Pre-blur（屏幕预模糊）：模糊源素材比较明显的噪点，从而得到较好的 Alpha 通道。

Screen Matte（屏幕蒙版）:调节图像黑白所占的比例，以及图像的柔和程度等。屏幕中本来应该是完全透明的地方调整为黑色，将完全不透明的地方调整为白色，将半透明的地方调整为合适的灰色。

Inside Mask（内侧遮罩）：对内部遮罩层进行调节。

Outside Mask（外侧遮罩）：对外部遮罩层进行调节。

Foreground Colour Correction（前景色校正）：校正特效层的前景色。

Edge Colour Correction（边缘色校正）：校正特效层的边缘色。

Source Crops（源裁剪）：设置源素材的范围。

（二）项目名称："Keylight"效果制作

项目目的：掌握 Keylight 特效的使用。

项目实训：项目的前后对比效果如图 3-13。

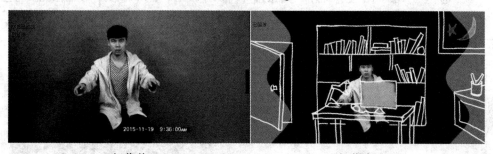

抠像前　　　　　　　　　　　　抠像合成后

图 3-13

制作步骤：

1. 在 Project（项目窗口）下 > 单击鼠标右键>Import（导入）> Multiple Files...（多个文件...），如图3-14。

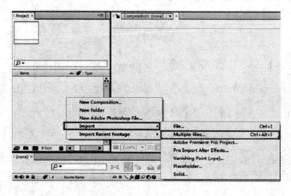

图 3-14

数字媒体栏目包装 *After Effects* 项目应用

2. 依次导入"人物抠像素材—1"、背景素材, 如图 3-15。

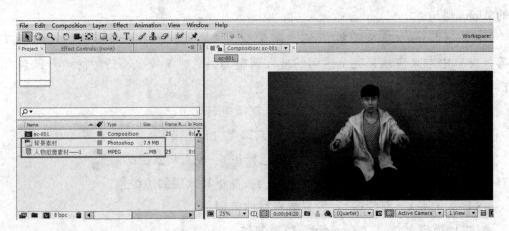

图 3-15

3. 选择 sc-001 图层, 执行 "Effect (特效) >Keying (抠像) >Keylight (1.2) (键控)"菜单命令。使用 Screen Colour (屏幕色) 选项后面的 "吸管工具" 在 Composition (合成) 面板中吸取蓝色的幕布, 如图 3-16。

图 3-16

4. 在 Keylight (1.2) (键控) 滤镜>View (视图) 中选择 Screen Matte (屏幕蒙版) 视图>展开 Screen Matte (屏幕蒙版) 参数组>修改 Clip Black (剪切黑色) 值为35、Clip White (剪切白色) 值为 68, 如图 3-17。

5. 在 Keylight (1.2) (键控) 滤镜>View (视图) 中选择 Final Result (最终结果) 视图, 在 Screen Pre-blur (屏幕预模糊) 值为 1, 如图 3-18。

54

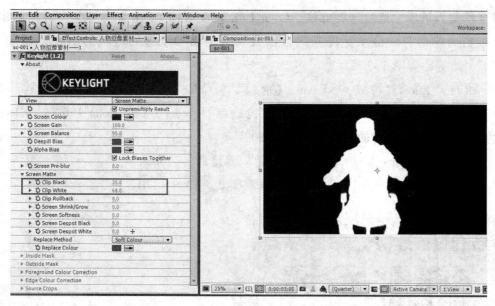

图 3-17

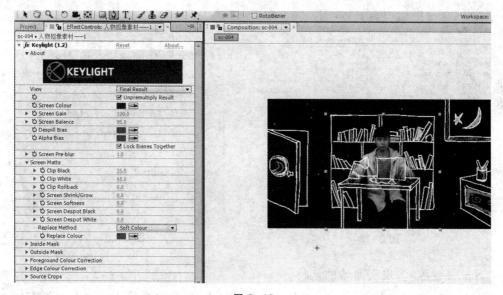

图 3-18

三、Color Difference Key

(一) Color Difference Key 基础

Color Difference Key（色彩差异抠像）滤镜可以将图像分成 A、B 两个遮罩。蒙版 B 基于指定抠除颜色来创建透明度信息，蒙版 A 则基于图像区域中不包含有第 2 种不同颜色来创建透明度信息，结合蒙版 A、B 就创建出了第三种蒙版效果，即背景变为透明。通过这种方法，Color Difference Key（色彩差异抠像）可以创建出很精确的透明度信息。尤其适合抠取具有透明和半透明区域的图像，如烟、雾、阴影等，如图 1-2 所示。

执行 "Effect（特效）>Keying（抠像）> Color Difference Key（色彩差异抠像）" 菜单命令，在 Effect Controls（滤镜控制）面板中展开 Color Difference Key（色彩差异抠像）滤镜的参数，如图 3-19 所示。

【Color Difference Key（色彩差异抠像）滤镜的参数介绍】

View（视图）：共有以下 9 种视图查看模式，如图 3-20。

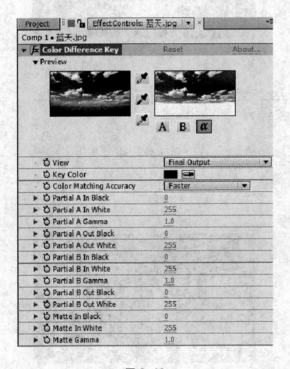

图 3-19   图 3-20

Source（源）：现实原始的素材。

Matte Partial A Uncorrected（未修正的蒙版 A）：显示没有修正的图像的蒙版A。

Matte Partial A Corrected（修正的蒙版 A）：显示已修正的图像的蒙版 A。

Matte Partial B Uncorrected（未修正的蒙版 B）：显示没有修正的图像的蒙版 B。

Matte Partial B Corrected（修正的蒙版 B）：显示已修正的图像的蒙版 B。

Matte Uncorrected（未修正的蒙版）：显示没有修正的图像的蒙版。

Matte Corrected（修正的蒙版）：显示修正的图像的蒙版。

Final Output（输出）：最终的画面显示。

Corrected, Final（A、B蒙版）修正，最终：同时显示蒙版A、蒙版B、修正的蒙版和最终输出的结果。

Key Color（抠出颜色）：用来选取拍摄的动态素材幕布的颜色。

Color Matching Accuracy（颜色匹配精度）：设置颜色匹配的精度，包含Fast（快速）和More Accurate（更精确）两个选项。

Partial A In Black（蒙版A输入黑色）：控制A通道的透明区域。

Partial A In White（蒙版A输入白色）：控制A通道的不透明区域。

Partial A Gamma（蒙版A伽马值）：用来影响图像的灰度范围。

Partial A Out Black（蒙版A输出黑色）：控制A通道的透明区域的不透明度。

Partial A Out White（蒙版A输出白色）：控制A通道的不透明区域的不透明度。

Partial B In Black（蒙版B输入黑色）：控制B通道的透明区域。

Partial B In White（蒙版B输入白色）：控制B通道的不透明区域。

Partial B Gamma（蒙版B伽马值）：用来影响图像的灰度范围。

Partial B Out Black（蒙版B输出黑色）：控制B通道的透明区域的不透明度。

Partial B Out White（蒙版B输出白色）：控制B通道的不透明区域的不透明度。

Matte In Black（蒙版输入黑色）：控制Alpha通道的透明区域。

Matte In White（蒙版输入白色）：控制Alpha通道的不透明区域。

Matte Gamma（蒙版伽马值）：用来影响图像Alpha通道的灰度范围。

（二）项目名称："Color Difference Key"效果制作

项目目的：掌握Color Difference Key特效的使用。

项目实训：项目的前后对比效果，如图3-21。

抠像前　　　　　　　　　　　　　抠像合成后

图3-21

57

制作步骤：

1. 在 Project（项目窗口）下 > 单击鼠标右键 >Import（导入）> Multiple Files...（多个文件...），如图 3-22。

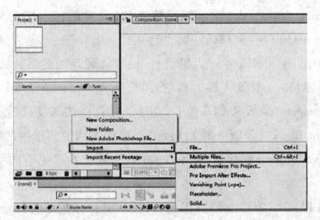

图 3-22

2. 依次导入"抠像素材蓝天"、"背景素材晚霞"，如图 3-23。

图 3-23

3. 选择"抠像素材蓝天"图层，执行"Effect（特效）>Keying（抠像）>Color Difference Key（色彩差异抠像）"菜单命令 > 关闭滤镜按钮后，使用 Key Color（抠出颜色）选择后面的"吸管工具" 吸取画面中的蓝色，如图 3-24。

图 3-24

4. 开启滤镜按钮>将 View（视图）模式切换为 Matte Corrected（蒙版修正）>修改 Matte In Black（蒙版输入黑色）值为 88>修改 Matte In White（蒙版输入白色）值为 205>Matte Gamma（蒙版伽马值）为 0.4，如图 3-25。

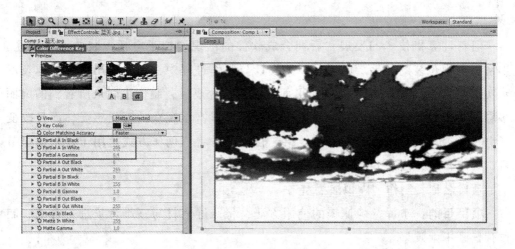

图 3-25

5. 将 View（视图）模式切换为 Final Output（输出）>在 Timeline（时间线）面板上开启"背景晚霞"图层的显示开关，如图 3-26。

图 3-26

第二节　虚拟演播室包装

随着计算机技术的发展，后期合成软件的出现增加了电视包装的制作用途，丰富了电视包装的效果。电视包装的设计与制作过程中，经常运用蓝屏抠像技术对实拍元素进行特效处理与 3D、平面元素进行合成后，制作出观众所看到的绚丽多彩的电视包装作品。这些电视包装效果不仅丰富了观众的视觉感受，而且改变了电视频道、栏目或节目的播出效果。目前经常将该创作方式运用于娱乐播报节目、天气预报、法制节目等电视节目的制作中。

项目名称：制作"虚拟演播室"。

项目目的：掌握抠像滤镜的使用方法，将蓝屏素材与三维背景进行合成、制作背景画中画效果。

项目实训：项目的前后对比效果，如图 3-27。

制作步骤：

一、Keylight 技术分离人物背景

1. 在 Project（项目窗口）下 > 单击鼠标右键 >Import（导入）> Multiple Files...

（多个文件...），如图 3-28。

图 3-27

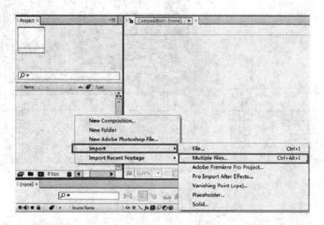

图 3-28

2. 依次导入"抠像人物素材"、"演播室背景素材"、"画中画素材"，如图 3-29。

图 3-29

3. 选择"抠像人物素材"图层，执行"Effect（特效）>Keying（抠像）>Color Difference Key（色彩差异抠像）"菜单命令>使用 Key Color（抠出颜色）选择后面的"吸管工具 ![吸管工具] "吸取画面中的蓝色，如图 3-30。抠出后画面效果如图 3-31。

图 3-30

图 3-31

4. 从图中可以观察到主持人与源素材对比，呈现半透明状态>设置 View（视图）方式为 Screen Matte（屏幕蒙版）模式，效果如图 3-32。从图中可以观察到主持人衣服的局部和背景上有灰色像素，而主持人区域本应该全部是白色不透明的像素，背景区域应该为黑色透明的像素。

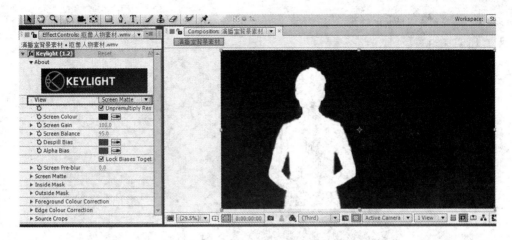

图 3-32

5. 修改 Screen Gain（屏幕增益）值为 114>Screen Balance（屏幕平衡）值为90>在 Screen Matte（屏幕蒙版）参数组下设置 Clip White（剪切白色）值为 95、Screen Shrink/Grow（屏幕收缩/扩张）值为-1.5、Screen Softness（屏幕柔化）值为0.5，如图 3-33。

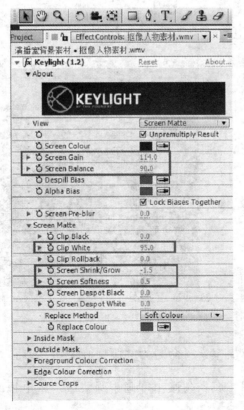

图 3-33

6. 最后修改 View（视图）方式为 Final Result（最终结果），此时画面的预览效果如图 3-34。

图 3-34

二、添加虚拟背景及画中画

1. 选择演"播室背景素材"图层>执行 Edit（编辑）>Duplicite（复制图层）命令，如图 3-35 所示。

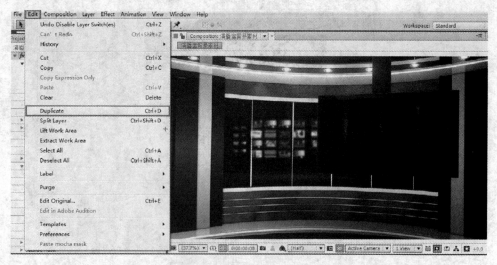

图 3-35

2. 将新复制的演播室素材命名为"画中画蒙版">将"画中画蒙版"图层放置顶层>选中钢笔 工具，勾画出"画中画蒙版"中电视的形状，如图 3-36 所示。

图 3-36

3. 选择"画中画素材"图层>在 Trkmat 下>选 Alpha Matte "画中画蒙版",如图 3-37 所示。

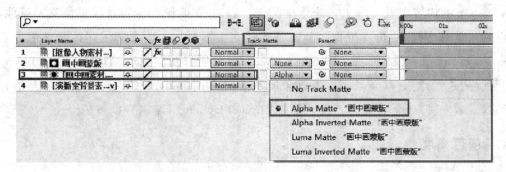

图 3-37

三、制作最终合成

1. 选则"画中画素材"图层>执行 Position (位置) (1304.0, 464.0)>执行 Scale (69.0, 69.0%) 如图 3-38 所示。

图 3-38

2. 调整 "抠像人物素材" 图层>执行 Position (位置) (936.0, 692.0) >最终输出结果, 如图 3-39 所示。

图 3-39

技术回顾

本节的内容主要讲解了色彩范围抠像、keylight 抠像、色彩差异抠像三种抠像特效, 重点掌握 keylight 抠像特效。该滤镜在实际操作中, 在制定完抠除颜色后, 将 View (视图) 模式切换为 Matte Corrected (蒙版修正) 后, 修改 Matte In Black (蒙版输入黑色)、Matte In White (蒙版输入白色) 和 Matte Gamma (蒙版伽马值) 参数, 最后将 View (视图) 模式切换为 Final Output (输出) 即可。

项目拓展

项目名称: "虚拟演播室" 练习。

项目要求:

1. 使用本课实例中的制作方法, 为多种素材进行抠像。根据素材的不同, 选择适合的抠像方法, 练习色彩范围抠像、蓝绿屏抠像、色彩差异抠像。

2. 根据虚拟演播室包装案例的制作方法, 自行拍摄人物蓝绿屏素材, 制作一个虚拟演播室包装案例。

第四章 "三维场景"项目三维合成与摄像机的使用

第一节 三维合成的概念及图层属性

在编辑图像的过程中,运用不同的层类型所达到的制作效果也各不相同。After Effects 软件中常见的层类型分为 8 种,包括素材层、Text(文字)层、Solid(固态)层、Light(灯光)层、Camera(灯光)层、Null Object(虚拟物体)层和 Adjustment Layer(调节)层、Shape Layer(形状)层,如图 4-1 所示。每一种层都有其独特的作用,新建层的时候可以选择不同类型的层,在 Timeline 窗口或者菜单栏中均可创建层。其中 Light(灯光)层和 Camera(灯光)层必须要在三维环境下使用才能实现其效果,而其他图层均可通过三维开关来实现二/三维图层的转换,下面介绍一下在 After Effects 中三维合成的概念。

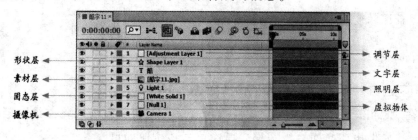

图 4-1 层的种类

After Effects 中常规的二维图层有 X 轴和 Y 轴两个轴向,其中 X 轴定义图像的水平宽度,Y 轴定义图像的垂直高度。而 After Effects 中的三维图层,就是将 Z 轴引入,X 轴和 Y 轴形成一个平面,而 Z 轴与这个平面垂直,从而实现了三个维度的调节方式,如图 4-2 所示。

图 4-2　三维空间中的轴向

尽管给图像赋予了三维属性，但是大家要注意的是，Z 轴并不能定义图像的厚度，转换后的三维图层仍然像一个没有厚度的纸片，不过 Z 轴可以使这个平面图像在深度空间中移动位置，也可以使其在三维空间中旋转任意角度。因此，具备三维属性的图层可以方便地制作空间透视、空间前后位置、空间旋转角度等效果。更重要的是，三维场景可以应用刚才提到的 Light（灯光）层、Camera（灯光）层，具有材质属性、光照、阴影、摄像机的透视视角，可以表现出镜头焦距的变化、景深的变化等效果。

一、二维/三维图层的转换

将图层进行二维/三维图层转换的方法有以下两种：

❖ 在 Timeline 窗口中单击 （图层三维开关）按钮，就可以将二维图层转换为三维图层，如果想切换回二维图层，再次单击该按钮即可。

❖ 在 Timeline 窗口中选中图层，执行菜单中的"Layer/3D Layer"命令，即可将该图层定义为三维图层。再次选择该命令，即可将三维图层转换为二维图层。

二、三维图层的材质属性

转换为三维图层后，图层会在原有属性的基础上，增加"Material Opinions"（材质选项），如图 4-3。它是与灯光有关的设置，其中灯光的投影设置需要与图层中的材质设置相配合。

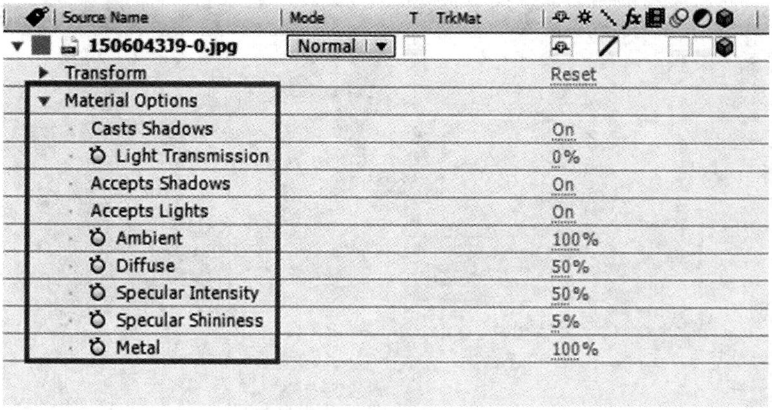

图4-3 三维图层的材质属性

● Casts Shadows（投射阴影）：用于打开或关闭投影效果。投影即由光照射引起，在其他图层上产生投射阴影。

● Light Transmission（照明传输）：用于设置灯光穿过图层的百分比数值，通过这个参数设置可以模拟灯光穿过毛玻璃效果。

● Accepts Shadows（接收阴影）：用于设置打开或关闭接收其他图层投射的阴影。

● Accepts Lights（接收照明）：用于设置打开或关闭接收灯光的照射。

● Ambient（环境）：用于设置层对环境灯光的反射率，数值为100%时反射率最大，数值为0%时没有反射。

● Diffuse（扩散）：用于设置层上光的漫射率，数值为100%时漫射率最大，数值为0%时漫射率最小。

● Specular Intensity（镜面高光）：用于设置层上镜面反射高光的强度，高光的反射强度随百分比数值大小的增减而增减。

● Specular Shininess（光泽）：用于设置层上高光的大小，其与百分比数值的变化成反比，数值为100%时发光最小，数值为0%时发光最大。

● Metal（质感）：用于设置层上镜面高光的颜色，当数值为100%时为层的颜色，当数值为0%时为光源颜色。

三、摄像机属性

执行菜单栏中的 Layer（图层）> New（新建）> Camera（摄像机）命令，将打开 Camera Settings（摄像机设置）对话框，在该对话框中，可以设置摄像机的名

数字媒体栏目包装 *After Effects* 项目应用

称、缩放、视角、镜头类型等多种参数，如图 4-4 所示。

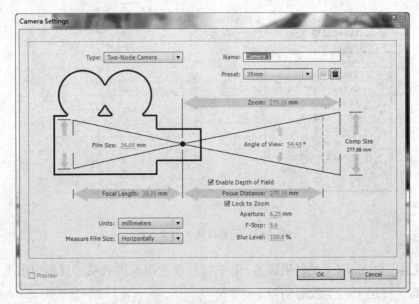

图 4-4　Camera Settings（摄像机设置）对话框

　　摄像机是 After Effects 中制作三维景深效果的重要工具之一，配合灯光的投影可以轻松实现三维立体效果，通过设置摄像机的焦距、景深、缩放等参数，可以使三维效果更加逼真。

　　摄像机具有方向性，可以直接通过拖动摄像机和目标点来改变摄像机的视角，从而更好地操控三维画面。如图 4-5，为创建 Camera（摄像机）后，经过调整参数，素材在 4View（四视图）中的显示效果。

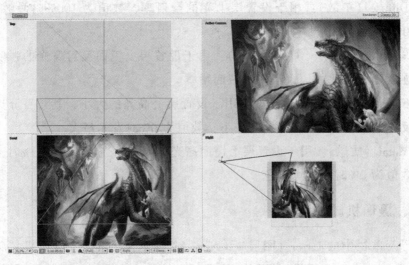

图 4-5　Camera（摄像机）四视图效果

70

四视图的创建方法很简单,单击 Composition(合成)窗口下方的 3D View Popup (3D 视图) Active camera 按钮,将弹出一个下拉菜单,如图 4-6 所示,从该菜单中可以选择不同的 3D 视图,主要包括:Active Camera (活动摄像机)、Front(前)、Left(左)、Top(顶)、Back(后)、Right(右)和 Bottom(底)等视图。

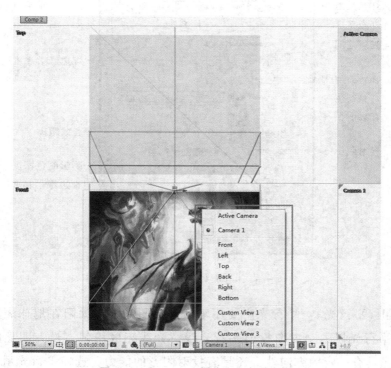

图 4-6 Camera(摄像机)视图切换

提示:要想在 Composition(合成)窗口中看到影片图像的不同视图效果,首先要在 Timeline(时间线)面板打开三维视图开关。

四、灯光属性

灯光是基于计算机的对象,可以营造如同真实灯光照射下的环境氛围,如家用或舞台和电影工作时使用的灯光设备以及太阳光本身,用于模拟真实事件不同种类的光源。

执行菜单栏中的 Layer(图层)> New(新建)> Light(灯光)命令,将打开 Light Settings (灯光设置)对话框,在该对话框中,可以通过 Light Type(灯光类型)来创建不同的灯光效果,对话框及说明如图 4-7 所示。

在 Light Type(灯光类型)右侧的下拉菜单中,包括 4 种灯光类型,分别为

Parallel（平行光）、Spot（聚光灯）、Point（点光）、Ambient（环境光），应用不同的灯光将产生不同的光照效果。

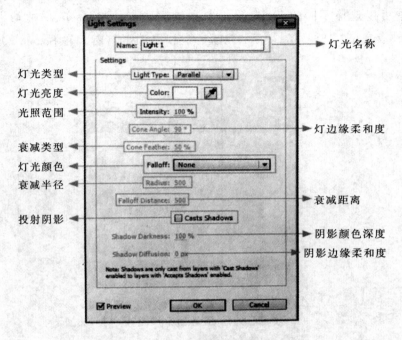

图 4-7　Light（灯光）设置对话框

　　Parallel（平行光）：平行光主要用于模拟太阳光，当太阳在地球表面上投射时，所有平行光以一个方向投射平行光线，光线亮度均匀，没有明显的亮暗分别。平行光具有一定的方向性，还具有投射阴影的能力，选择平行光后，可以看到一条直线，连接灯光和目标点，可以移动目标点来改变灯光照射的方向。如图4-8，为选择 Parallel（平行光）后，经过调整参数后，素材在 2 View（二视图）中的显示效果。

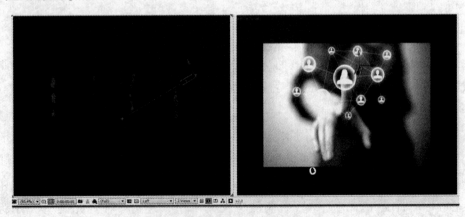

图 4-8　Parallel（平行光）效果

Spot（聚光）：聚光灯像舞台上的投影灯一样投射聚焦的光束，可以通过 Cone Angle（锥形角度）参数和 Cone Feather（锥角柔化）来改变聚光灯的照射范围和边缘柔和程度，如图 4-9 所示。

在 Composition（合成）窗口中，通过拖动聚光灯和目标点可以改变聚光灯的位置和照射效果。聚光灯不但具有方向性，而且可以投射带有范围性的阴影。通过 Light Settings（灯光设置）对话框中的 Shadow Darkness（阴影深度）和 Shadow Diffusion（阴影扩散）可以调整阴影颜色的浓度和影颜色的柔和程度。如图 4-10 所示，为选择 Spot（聚光）后，经过调整参数后，素材在 2View（二视图）中显示效果。

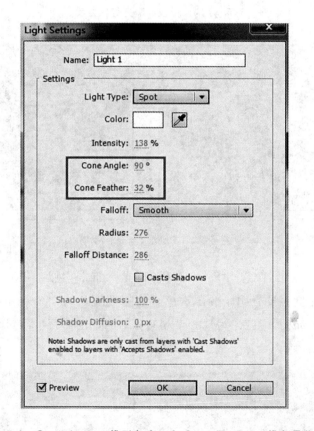

图 4-9 Cone Angle（锥形角度）和 Cone Feather（锥角柔化）

Point（点光）：点光模拟点光源从单个光源向各个方向投射光线。类似于家庭中常见的灯泡，点光没有方向性，但具有投射阴影的能力，点光的强弱与距离物体的远近有关，具有近亮远暗的特点，即离点近的地方更亮些，离点远的地方会暗些。如图 4-11，为选择 Point（点光）后，经过调整参数后，素材在 2 View（二视图）中显示效果。

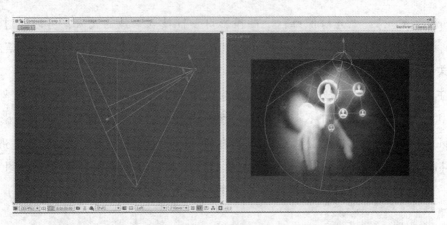

图 4-10　Spot（聚光灯）效果

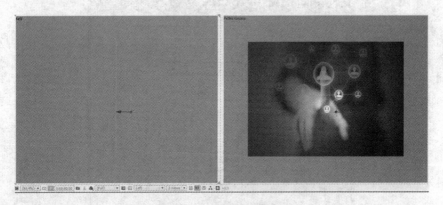

图 4-11　Point（点光）效果

Ambient（环境光）：它与 Parallel（平行光）非常相似，但 Ambient（环境光）没有光源可以调整，没有明暗的层次感，直接照亮所有对象，不具有方向性，也不能投射阴影。如图 4-12，为选择 Ambient（环境光）后，经过调整参数后，素材在 2View（二视图）中显示效果。

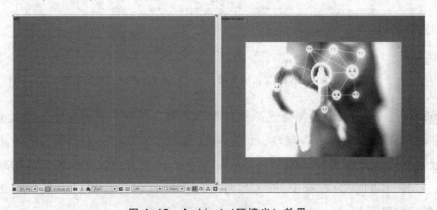

图 4-12　Ambient（环境光）效果

第二节 制作"三维场景"片头

项目名称：制作"三维场景"小片头。

项目目的：通过搭建三维场景，掌握三维合成的概念以及摄像机与灯光的使用方法。

技术要点：三维层和摄像机的使用。

项目分析：

掌握三维层的创建以及摄像机及灯光的搭建方法：

1. 建立所需要的固态层作为地面。

2. 放置文字，在场景中建立灯光使文字更有空间感。

3. 创建摄像机，制作摄像机动画。最终效果如图 4-13。

图 4-13 实例效果

项目制作步骤：

1. 制作三维场景

（1）打开 After Effects，选择菜单命令 Composition/New Composition（Ctrl+N 键），新建一个合成，命名为"三维场景"，Preset 使用 PAL 制式（PAL D1/DV，720×576），Duration 为 7 秒，背景色为黑色，如图 4-14 所示。

（2）选择菜单命令 File/Save（Ctrl+S 键）保存项目文件，命名为"三维场景"。

（3）选择菜单命令 Layer/New/Soild（固态层）新建固态层，命名为"地面"，设置 Size（尺寸）下的 Width（宽）为 2500，Height（高）为 2500，ColorRGB 值

为（31，67，140），创建后打开"地面"层的三维开关，如图 4-15 所示。

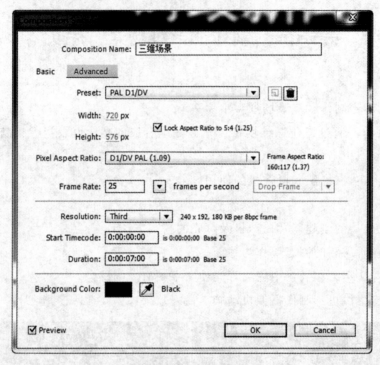

图 4-14　创建项目合成

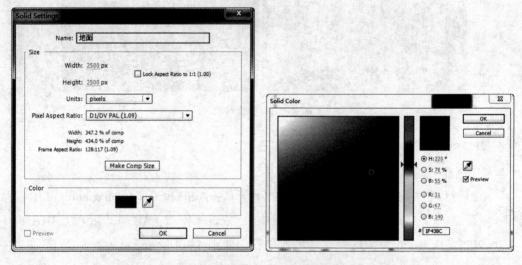

图 4-15　创建"地面"固态层

（4）选择菜单命令 Layer/New/Camer（摄像机）新建一个摄像机，设置 Preset 为 35mm，并勾选 Enable Deph of Field（景深），如图 4-16 所示。

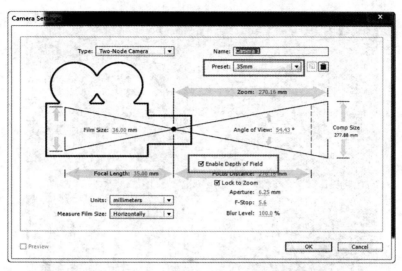

图 4-16　为合成添加一个摄像机

（5）选择"地面"层，并展开 Transform 选项，将 Position 设置为（360，288，30），X Rotation 设置为（0，87.0），展开 Material Options 选项，将 Cats Shadows 设置为 On，如图 4-17 所示。

（6）为了让视图有透视的感觉，就要对摄像机层进行一些调整，选择 Camera1 层，展开 Transform 选项，将 Point of Interest 设置为（65.0，1335.0，830.0），Position 设置为（450.0，250.0，480.0），X Rotation 为（0，50.0），Y Rotation 为（0，20.0），如图 4-18 所示。

图 4-17　设置"底板"层的位置

图 4-18　调整摄像机在空间的位置

（7）选择菜单命令 Layer/New/Txet（文字），新建一个文字层，输入"追踪时事动态 NEWS"，在 Character 面板中，将文字的颜色设为 RGB（150，150，150），将光标移动到"态"后，按 Enter 键经英文换行。Paragraph 面板中将文字的对齐方式设为居中，按工具栏 T 工具，选择刚输入的中文，将大小设置为 30，字体为黑体。再选择英文，将大小设置为 25，字体设为 Arial。

（8）打开文字层的三维开关，并展开 Transform 选项，将 Position 设置为（325，293，720），展开 Material Options 设置为 On，如图 4-19 所示。

图 4-19 设置文字层在空间的位置

2. 制作空间文字

（1）选择菜单命令 Layer/New/Light（灯），新建一个灯光层，设置 Light Type 为 Spot，Intensty 为 400%，Cone Angle 为 150，Clor 为 RGB（170，170，170），勾选 Cats Shadows，Shadows Darknes 为 100%，Shadows Diffusion 为 100pixels，如图 4-20 所示。展开 Transform 选项，设置 Point of Interest 为（376，340，800），Position 为（316，226，523）。

（2）选择菜单命令 Layer/New/Light（灯），新建一个灯光层，设置 Light Type 为 Spot，Intensty 为 350%，Clor 为 RGB（170，170，170），勾选 Cats Shadows，Shadows Darkness 为 100%，Shadows Diffusion 为 0pixels，如图 4-21 所示。展开 Transform 选项，设置 Position 为（473，223，342）。

数字媒体栏目包装 *After Effects* 项目应用

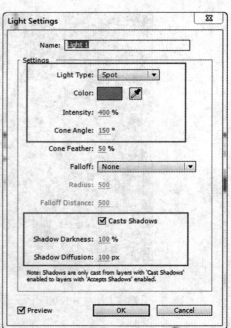

图 4-20 为场景添加一盏灯光

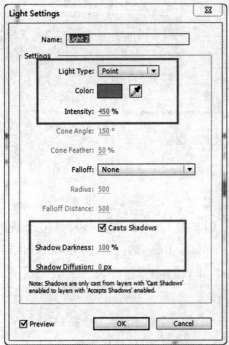

图 4-21 为场景再添加一盏灯光

80

（3）选择文字层，按 Ctrl+D 键复制一层，使用工具栏 T 工具，选择中文文字，改为"深入百姓生活"，展开 Transform 选项，将 Position 设置为（770，260，585），Y Rotation 为（0，-75）。

（4）选择文字层，按 Ctrl+D 键复制一层，使用工具栏 T 工具，选择中文文字，改为"直击热点话题"，展开 Transform 选项，将 Position 设置为（1160，250，-55），Y Rotation 为（0，-75）。

（5）选择文字层，按 Ctrl+D 键复制一层，使用工具栏 T 工具，选择中文文字"时政新闻"，选择英文字母，改为 POLITICAL NEWS，展开 Transform 选项，将 Position 设置为（1250，214，-725），Y Rotation 为（0，-75）

3. 制作摄像机动画

（1）选择 Light 1，在 Parent 面板将 None 设置为 Camera1。选择 Light 2，在 Parent 面板将 None 设置为 Camera1，如图 4-22 所示。建立了父子关系，在下面要做的摄像机动画时，前面建立的两盏灯光就可以跟随摄像机做同样路径的运动。

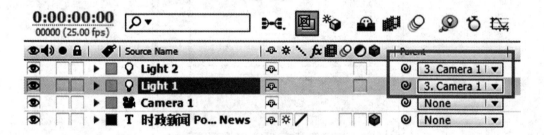

图 4-22 设置摄像机层与灯光层的父子关系

（2）将时间移到 0 帧位置，选择 Camera 1，展开 Transform 选项，打开 Point of Interest 和 Position 前的码表，设置动画关键帧，第 0 帧位置设置 Point of Interest 和 Position 分别为（65.0，1335.0，830.0）和（450.0，250.0，480.0）；第 15 帧位置插入关键帧，Point of Interest 和 Position 的数值不变；第一秒 20 帧位置设置 Point of Interest 和 Position 分别为（470.0，1320.0，460.0）和（1065.0，195.0，480.0）；第 2 秒 15 帧位置插入关键帧，Point of Interest 和 Position 的数值不变；第 3 秒 15 帧位置设置 Point of Interest 和 Position 分别为（680.0，1340.0，-310.0）和（1435.0，225.0，-85.0）；第 4 秒 15 帧位置插入关键帧，Point of Interest 和 Position 的数值不变；第 5 秒 15 帧位置设置 Point of Interest 和 Position 分别为（625.0，1236.0，-950.0）和（1410.0，222.0，-730.0），如图 4-23 所示。

图 4-23　设置摄像机的运动关键帧

（3）将时间移到 5 秒的位置，选择菜单命令 Layer/New/Light（灯）新建一个灯光层，设置 LightType 为 Spot，Intensity 为 500%，Color 为 RGB（170.0，170.0，170.0），勾选 Casts Shadows，展开 Transform 选项，设置 Point of Interest 为（1335.0，225，-735.0），Position 为（1500.0，170.0，-720），如图 4-24 所示。

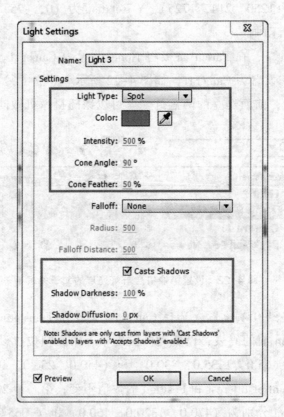

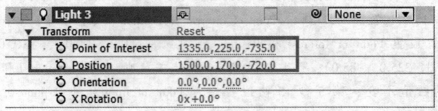

图 4-24　为场景添加最后一盏灯光并设置相关属性

（4）按小键盘0键预览，即可得到本实例的最终效果动画。

技术回顾：

通过 After Effects 的三维合成功能，让摄像机在三维空间中运动，并利用灯光打造光影效果及真实的阴影效果。

项目名称：纪实类片头制作。

项目要求：

通过已掌握的制作方法，改变摄像机运动方式及灯光类型，创作一部纪实类片头。

第五章 "实拍素材后期合成"项目的追踪技术及稳定技术应用

项目目的：熟练掌握项目追踪技术和稳定技术的应用。

技术要点：运动追踪和运动稳定。

第一节 运动追踪与运动稳定

在影视特技合成中，经常需要将实拍中无法实现的特定画面合成到某个场景中，并且随场景中的物体在三维空间中的变化而变化，营造出实拍的效果。要实现这些特技效果，需要利用追踪技术。

一、追踪控制面板

在时间线窗口中，选择要进行追踪操作的图层，单击菜单命令"Animation→Motion Tracker/Stablizer"（"动画"→"动态跟踪"），系统自动弹出追踪控制面板，如图5-1所示。

左边的 `Track Motion` （跟踪）按钮控制着运动追踪面板，右侧的 `Stabilize Motion` （稳定）按钮控制着运动稳定面板。单击 `Track Motion` 按钮会进入运动追踪面板，合成窗口会自动切换到层窗口模式，并出现追踪范围标记。在追踪之前首先要对下列参数进行设置。

● Motion Source （运动来源）：选择运动追踪的目标层。

● Current Track （当前跟踪）：使用当前的追踪器。

● Track Type （跟踪类型）：追踪的类型。下拉列表中有5个选项，分别是

Stabilize（稳定）、Transform（基本变化）、Parallel Corner pin（放射边角）、Perspective corner pin（透视边角追踪）、Raw（原始素材）。

● Position（位置）、Rotation（旋转）、Scale（缩放）：这 3 个选项只在选择稳定追踪和基本变化追踪时才可以使用。

二、定义追踪范围

追踪范围标记是由两个方框和一个十字线构成，如图 5-2 所示。

图 5-1　追踪控制面板

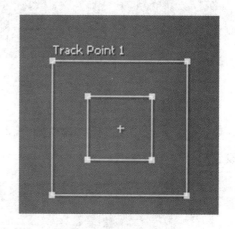

图 5-2

十字线为追踪点，追踪点与其他图层的轴心点或效果点相连。追踪完成后，结果将以关键帧的方式记录到图片层的相关属性。追踪点在整个追踪过程中不起任何作用，它只是用来确定其他图层在追踪完成后的位置情况。追踪点不一定要在特征拖动区域内，可以拖动它到任何位置。

图中里面的方框为特征区域，它用于定义追踪目标的范围。系统记录当前特征区域内对象的明度和形状特征，然后在后续帧中以这个特征进行匹配追踪。对影像进行运动追踪时，要确保特征区域有较强的颜色或亮度特征，与其他区域对比度反差强。在一般情况下，前期拍摄过程中，要准备好追踪特征物体，以使后期可以达到最佳的合成效果。

图中外面的方框为搜索区域，较小的搜索区域可以提高追踪的精度和速度。但是搜索区域一般最少需要包括追踪物体两帧内的位移范围。所以被追踪素材的运动速度越快，两帧之间的位移越大，搜索区域的大小也要相应地增大。

三、追踪控制参数设置对话框

单击 **Edit Target...** （设置目标）按钮，弹出对话框，如图 5-3 所示。选择追踪数据应用的 Layer（图层）或 Effect point control（效果点）。

图 5-3　设置追踪数据应用的层或效果点

单击 **Options...** （选项）按钮，打开图 5-4 所示的对话框，进行追踪参数设置。

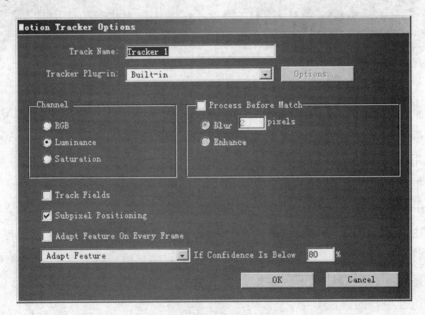

图 5-4　设置追踪选项对话框

● Track Name（跟踪名称）：可以输入产生追踪的资料名称。

● Tracker Plug-in（跟踪插件）：设置追踪所使用的插件。缺省情况下为"Built-in"。

● Channel（通道）：追踪使用的通道。在追踪过程中，可根据特征区域和其他区域选择明显的信道进行追踪。可以选择"RGB"选项（以三个颜色信道为基准）、"Luminance"（以亮度信息为基准）和"Saturation"（以饱和度信息为基准）进行追踪。

● Process Before Matc（匹配前处理）：追踪前预处理设置，如果图像中有过多的干扰追踪信息，选择"Blur"选项，并设置像素数，对图像进行适当的模糊处理。这种模糊处理不会对素材的清晰度产生影响，只是用于追踪。"Enhance"选项表示锐化图像的边缘，增加追踪的准确度。

● Track Fields（跟踪区域）：如果追踪的素材为交错场，勾选此项，可以在交错的视频场中进行追踪。

● Subpixel Positioning（子像素定位）：勾选此项，进行子像素匹配。在特征区域内将像素分为更小的部分，在帧间进行匹配。这样可以获得更高的追踪精度。

● Adapt Feature On Every Frame（适应特性于每一帧）：每一帧保持动态的更新。

● Extrapolate Motion If Confidence is Below（自适应特征）：当追踪的信息被其他物体遮挡时，选择此项，设置百分数，当追踪信息的精度百分数低于该值时，系统将推算各种信息的位置。

四、Analyze（分析）模拟追踪效果

当追踪设置完成后，可进行模拟追踪。单击按钮 ▶（正向追踪）、◀（反向追踪）进行连续追踪，再单击一次则停止追踪。单击按钮 ▐▶（正向逐帧）、◀▌（反向逐帧）可进行单帧追踪。

如果对模拟追踪的效果满意，可以单击 Apply （应用）按钮，为目标层应用追踪效果。如果对模拟追踪的效果不满意，找到追踪偏移的时间，在层窗口中将偏移的追踪区域调整到需要的位置，按下 ▶ 按钮继续追踪。如果后面再次出现偏移，按照上面的方法，重新设置追踪区域即可，如图5-5所示。

图 5-5　追踪方式

（一）位置追踪

位置追踪方式将其他层或本层中具有位移属性的特技参数连接到追踪对象的追踪点上，它只有一个追踪区域。在进行追踪时，可以将一个层或效果连接到追踪点上，但因为位置追踪具有一维属性，只能控制一个点，所以当物体产生歪斜或透视效果时，位置追踪不能随物体的透视角度发生变化。这种方式适合被追踪物体只在平面中发生位移变化的情况。

（二）旋转追踪

旋转追踪将被追踪物体的旋转方式复制到其他层或本层中具有旋转属性的特技参数上，它具有两个追踪区域。在进行旋转追踪时，第一个特征区域到第二个特征区域轴上的箭头决定一个角度。追踪工具通过两个追踪区域相对的位置移动计算出物体旋转的角度，并且将这个旋转的角度赋值到其他层上，使其他层上的物体对象与被追踪的物体以相同的方式旋转。这种方式适合被追踪物体只在平面中绕固定位置发生旋转变化的情况。例如旋转追踪的时钟指针。

（三）位置和旋转的追踪

位置和旋转的追踪结合位置追踪和旋转追踪的特点，它具有两个追踪区域。在进行这种追踪时，追踪工具通过两个追踪区域相对的位置移动计算出物体的位移及旋转角度，并将这个位置和旋转角度的值应用到其他层，使其他层上的物体与被追踪的物体以相同的方式运动。例如制作一个人在空中举起汽车左右摇摆的特技效果，可以先拍摄一个人举着一个标记着追踪点的盒子做左右摇摆的动作，再将汽车利用位置和旋转的追踪技术合成到画面中即可。

（四）平行边角追踪

平行边角追踪使用三个追踪点追踪歪斜与旋转，但形成的不是透视的画面。当对追踪点进行分析计算得到第四个点的位置信息，并转化为"Corner Pin"的关键帧的参数后，系统将自动为连接层添加边角钉效果。该效果将控制连接层四个角的位置，于是可以观察到连接层产生歪斜和旋转运动。

（五）透视追踪

透视追踪与平行边角追踪不同，透视追踪形成的四边形可以自由变形，可以模拟各种透视效果。当对追踪点进行分析计算后，系统自动为连接层添加"Corner Pin"效果，并将四个追踪点的位置信息转化为"Corner Pin"参数的关键帧。该追踪方式的应用较为普遍，例如制作翻书效果时便是利用透视追踪技术。

第二节　制作透视跟踪片头

项目名称：替换《移动的提包》商标。
项目描述：利用透视跟踪技术替换手提包上的商标。

图 5-6 《移动的提包》完成效果

项目目标：

1. 掌握 AE 的追踪技术，能根据素材特点进行运动跟踪；

2. 能利用追踪技术完成各种影视特效。

项目分析：通过追踪技术的利用去除移动提包上的商标并保持画面的真实性。

项目制作步骤：

一、设置跟踪点

1. 启动 AE，双击项目窗口空白处，导入视频素材"提包.avi"和图片"cat. jpg"。将视频素材拖入项目窗口的新建合成按钮 ▣ 上，新建一个与视频素材大小相同的合成，视频素材自动放置到时间线中。将图片素材"cat.jpg"放到时间线的顶层。

2. 选择视频素材图层，单击追踪面板中的 Track Motion （跟踪）按钮为图层添加追踪控制，系统自动将当前层设定为追踪目标层。在"Track Type"（跟踪类型）下拉列表中，选择"Perspective corner pin"（透视边角追踪）选项，如图 5-7 所示。单击 Edit Target... （设置目标）按钮，设置应用追踪效果的目标层为图片素材"cat.jpg"，如图 5-8 所示。

图 5-7　添加追踪系统

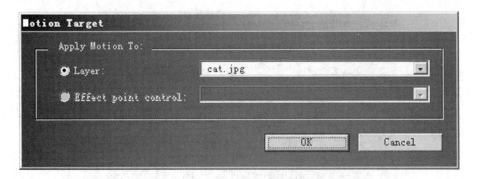

图 5-8 设置应用追踪效果的目标层

二、进行画面跟踪

设定好跟踪点后，开始进行跟踪。

1. 当为素材层添加追踪控制后，合成窗口也自动切换到层窗口模式，同时出现四个追踪范围标记，每个追踪范围标记由两个方框和一个十字线构成。将时间指针移动到第 0 帧位置，将鼠标移到追踪范围标记内，当鼠标光标变为带有"+"字黑色箭头时，分别移动追踪范围标记到四个追踪点上，调整两个方框的大小，让内框包含追踪点，如图 5-9 所示。

图 5-9 调整追踪范围的位置及大小

2. 在追踪面板中单击 **Options...** （选项）按钮，在弹出的面板中设置追踪的信道为 RGB 信道。由于追踪点在画面中呈现红色标记，利用 RGB 方式进行追踪效果会更好，如图 5-10 所示。

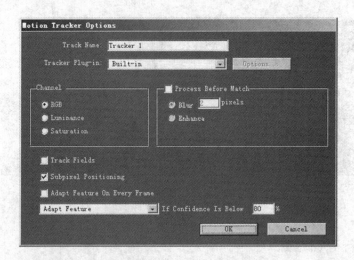

图 5-10　动态跟踪通道设置

3. 单击 "Analyze"（分析）中的按钮 ▶，进行模拟追踪，再单击一次则停止追踪。也可以单击按钮 ▶▶ 逐帧进行追踪。如果追踪区域出现偏移，将播放指针移到出现偏移的关键帧处，在层窗口中将偏移的追踪区域重新调整，单击按钮 ▶ 继续追踪，直到追踪到完全的正确的位置，如图 5-11 所示。

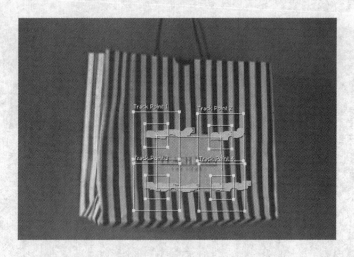

图 5-11　产生追踪数据

4. 对追踪结果满意后，单击 Apply（应用）按钮，将正确的追踪结果应用到目标层 "cat.jpg"。此时，系统自动为目标层添加 "边角固定"（Corner pin）特效，并将数据转化为图层的位置属性和四个控制点的位置关键帧参数。时间线效果如图 5-12 所示。

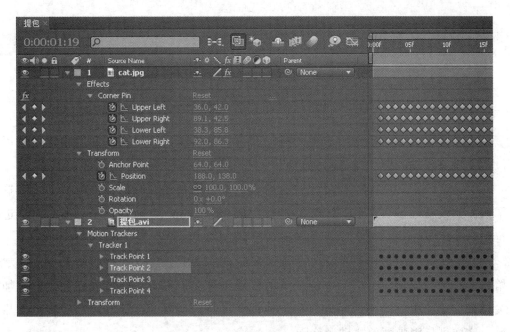

图 5-12 应用追踪数据的时间线

5. 展开图层 "cat.jpg",设置大小 "Scale"为 150%,让它们能够遮挡住页面上的红色追踪点,如图 5-13 所示。

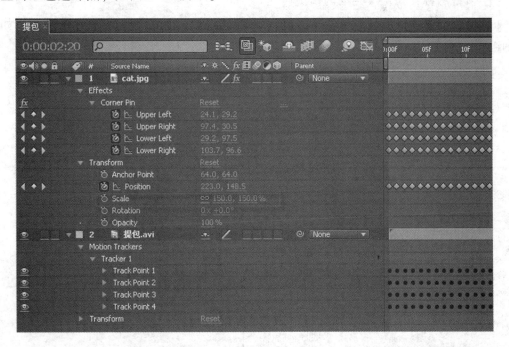

图 5-13

6. 测试效果,最终渲染输出。

第三节　稳定与修整画面

在影视拍摄中，经常由于手的抖动而造成拍摄画面不稳定。利用稳定技术可以解决镜头抖动问题，保证画面的稳定性。

稳定技术：在实际拍摄过程中，由于摄像机的抖动，画面会产生抖动，影响了画面的观赏效果。在 AE 中可以利用"Motion Stabilizer"（运动平稳器）对其进行稳定处理。

运动平稳器的工作原理首先是检测出特征点的起始位置和相对于其他点的起始角度，然后分析出后续帧中特征点的位置和角度，再为层的特征点和角度添加关键帧。这些关键帧的运动方向和旋转角度都与特征点的运动方向和旋转角度相反。这样可抵消画面的跳动和旋转。

画面的第 1 帧是整个画面稳定的基础，因此需要保证第 1 帧画面的效果理想。稳定的设置方法与追踪的设置方法基本相同。

项目名称：稳定《晃动的街道》。

项目描述：以项目《晃动的街道》的制作重点介绍 AE 中稳定技术的使用，如图 5-14 所示。

图 5-14　《晃动的街道》完成效果

项目目标：

1. 掌握 AE 的稳定技术，能根据素材特点处理镜头晃动问题；

2. 能利用稳定技术完成各种影视特效。

项目分析：

本项目通过稳定技术的利用去除镜头抖动的问题，保持画面的稳定性。

项目制作步骤：

一、通过平稳器固定动态画面

1. 启动 AE，双击项目窗口空白处，导入视频素材 "Motion.avi"，将视频素材拖入项目窗口的新建合成按钮 ▣ 上，新建一个与视频素材大小相同的合成，视频素材自动放置到时间线中。

2. 单击菜单命令 "Window→Tracker"（窗口→跟踪），打开追踪层面板。选择视频素材层，在追踪面板中单击 **Stabilize Motion**（稳定）按钮为图层添加追踪控制，系统自动将当前层设定为追踪目标层，如图 5-15 所示。在追踪面板中，若勾选 "位置"（Position）复选框 **☑ Position** 可追踪位置的移动，若勾选 "Rotation" 复选框 **☑ Rotation** 可追踪方向的转动，若勾选 "Position & Rotation" 复选框 **☑ Position** **☑ Rotation** 可进行全方位的追踪。此处由于画面的抖动仅是位置的抖动，因此在追踪设置上使用默认的勾选 "Position" 复选框，如图 5-15 所示。

图 5-15 追踪面板

3. 当为素材层添加追踪控制后，合成窗口自动切换到层窗口模式。同时出现一个追踪范围标记。将时间指针移动到第 0 帧位置，将追踪范围标记移到一个建筑的顶部，调整两个方框的大小，让内框包含住追踪点，如图 5-16 所示。

图 5-16 设置追踪范围标记的位置与大小

4. 在追踪面板中单击 **Options...** （选项）按钮，在弹出的面板中设置追踪的信道为 "Luminance" （亮度）信道，如图 5-17 所示。

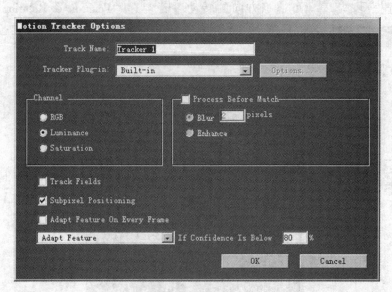

图 5-17 设置追踪的信道模式

5. 在追踪面板中单击 "Analyze" （分析）中的按钮 ▶，进行模拟追踪，再单击一次则停止追踪。也可以单击按钮 ▶ 进行逐帧追踪。如果追踪区域出现了偏移，将播放指针移到出现偏移的关键帧处，在层窗口中将偏移的追踪区域进行重新调整，单击按钮 ▶ 继续追踪，直到追踪到完全正确的位置。

6. 对追踪结果满意后，单击 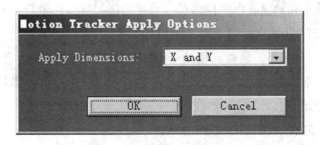 "应用"按钮，此时会弹出一个对话框，确认追踪数据的应用范围，可以选择 "X only"、"Y only" 或者 "X and Y"选项，此处选择 "X and Y"选项，在平面范围内应用追踪数据，单击 "OK" 按钮便将正确的追踪结果应用到视频素材上，如图 5-18 所示。

图 5-18 设置追踪数据应用范围

二、使用修整画面，最后合成

1. 此时拖动时间线指针观察视频，会发现画面变得稳定，但画面的周围有时会透出合成的背景颜色。选中该图层，按 S 键显示 "Scale"属性，调整画面大小为 107%，使其不再透出合成的背景颜色。

2. 测试效果，最终渲染输出，如图 5-19 所示。

图 5-19

技术回顾：

本章节的内容主要讲解了运动追踪与稳定的两种技术，重点掌握了追踪与稳定面板的使用；在实际的操作中，选取好追踪或稳定的图层后，单击追踪与稳定面板的跟踪或稳定，设置跟踪类型，设置目标和选项，调整好追踪范围标记的位置和大小，开始单击 ▶ 进行模拟追踪，再单击 ▋▶ （逐帧追踪）进行位移偏移的调整（调整追踪范围标记即可），对于追踪结果满意就可直接 Apply（应用）；最后调整图层的 Scale（缩放）属性，使整个合成画面效果真实即可。

项目拓展：本案例通过 After Effects 的运动追踪功能，让静态物体可随动态对象运动，并利用遮罩技术达到最终特效效果。

项目名称：制作《燃烧的足球》。

项目要求：

1. 使用本课实例的制作方法，对素材进行运动跟踪；

2. 如图 5-20 提供的素材，根据追踪技术的制作方法，自行制作一个追踪与遮罩技术的结合——《燃烧的足球》。

图 5-20

第六章　综合影视特效应用——节目导视

项目名称：节目导视。

项目分析：利用 After Effects 三维层属性以及 Parent（父子链接）命令制作节目导视动画的方法。节目导视前身是电视节目预报。随着我国电视产业的发展，导视类节目已经发展成为吸引电视观众、包装频道栏目、宣传电视节目所不可或缺的手段之一。导视类节目虽然简短，但是要求却极高。越是精巧的节目导视，越是能吸引到观众，让观众产生强烈的期待或好奇心理，增强观众的印象和记忆，从而促进电视节目收视率的提高。最终效果如图 6-1 所示。

图 6-1　节目导视最终效果

项目制作步骤：

一、制作方块合成

1. 打开菜单栏中的 Composition（合成）/ New Composition（新建合成）命令，在 Composition Settings（合成设置）对话框，设置 Composition Name（合成名称）为"方块"Width（宽）为"720"、Height（高）为"576"Frame Rate（帧速率）为"25"，并设置 Duration（持续时间）为 00:00:06:00 秒，如图 6-2 所示。

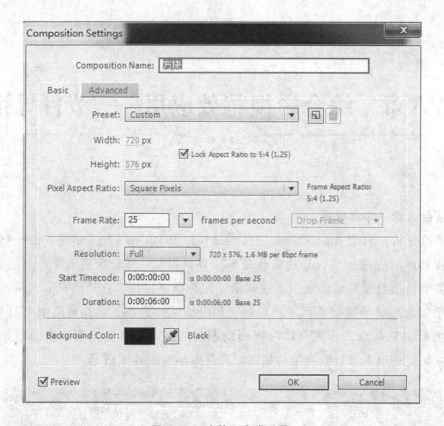

图 6-2 "方块"合成设置

2. 执行菜单栏中的 File（文件）/ Import（导入）/ File（文件）命令，打开 Import File（导入文件）对话框，选择配套光盘中的"工程文件 / 第 6 章 / 节目导视 / 背景.bmp、蓝色 Next.png、蓝色即将播出.png、长条.png"素材，单击打开按钮，将素材导入到 Project（项目）面板中。

3. 打开"方块"合成，在 Project（项目）面板中，选择"蓝色 Next.png"素材，将其拖动到"方块"合成的时间线面板中，打开三维层按钮 ，如图 6-3 所示。

4. 选中"蓝色 Next"层，选择工具栏上的 Pan Behind Tool（轴心点工具），按住 Shift 键向上拖动，直到图像的边缘为止，移动前效果如图 6-4 所示，移动后效果如图 6-5 所示。

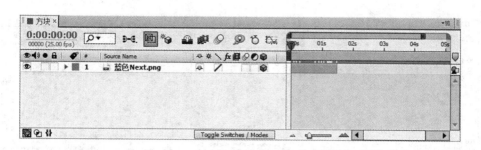

图 6-3　打开素材三维开关

图 6-4　移动轴心点前　　　　　　图 6-5　移动轴心点后

5. 按 S 键展开 Scale（缩放）属性，设置 Scale（缩放）数值为（111，111，111）。

6. 按 P 键展开 Position（位置）属性，将时间调整到 00:00:00:00 帧的位置，设置 Position（位置）数值为（47，184，−172），单击码表 按钮，在当前位置添加关键帧，将时间调整到 00:00:00:07 帧的位置，设置 Position（位置）数值为（498，184，−43），系统会自动创建关键帧，将时间调整到 00:00:00:14 帧的位置，设置 Position（位置）数值为（357，184，632），将时间调整到 00:00:01:04 帧的位置，设置 Position（位置）数值为（357，184，556），将时间调整到 00:00:02:18 帧的位置，设置 Position（位置）数值为（357，184，556），将时间调整到 00:00:03:07 帧的位置，设置 Position（位置）数值为（626，184，335），如图 6-6 所示。

7. 按 R 键展开 Rotation（旋转）属性，将时间调整到 00:00:01:04 帧的位置，设置 X Rotation（x 轴旋转）数值为 0，单击码表 按钮，在当前位置添加关键帧，将时间调整到 00:00:01:11 帧的位置，设置 X Rotation（x 轴旋转）数值为−90，系统会自动创建关键帧，如图 6-7 所示。

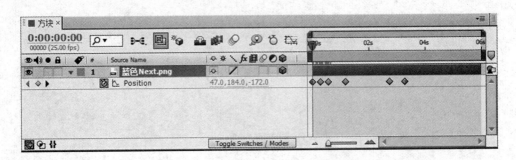

图 6-6 Position（位置）关键帧设置

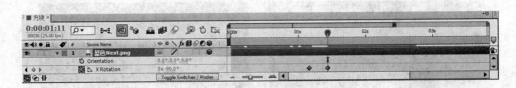

图 6-7 X Rotation（X 轴旋转）关键帧设置

8. 将时间调整到 00:00:02:18 帧的位置，设置 Z Rotation（z 轴旋转）数值为 0，单击码表 ![按钮] 按钮，在当前位置添加关键帧，将时间调整到 00:00:03:07 帧的位置，设置 Z Rotation（z 轴旋转）数值为-90，如图 6-8 所示。

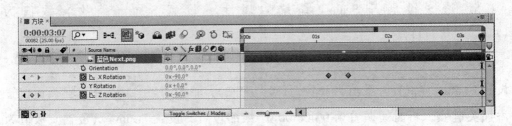

图 6-8 Z Rotation（Z 轴旋转）关键帧设置

9. 选中"蓝色 Next"层，将时间调整到 00:00:01:11 帧的位置，按 Alt+] 组合键，切断后面的素材。

10. 在 Project（项目）面板中，选择"蓝色即将播出.Png"素材，将其拖动到"方块"合成的时间线面板中，打开三维层按钮 ![图标]。

11. 选中"蓝色即将播出.png"层，将时间调整到 00:00:01:04 帧的位置，按"Alt+ ["组合键，将素材的入点剪切到当前帧的位置，将时间调整到 00:00:03:06 帧的位置，按"Alt+]"组合键，将素材的出点剪切到当前帧的位置，如图 6-9 所示。

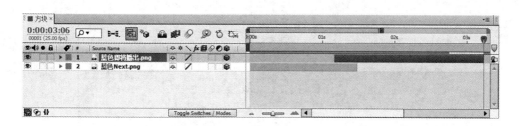

图 6-9　剪切素材出入点

12. 按 R 键展开 Rotation（旋转）属性，设置 X Rotation（x 轴旋转）数值为 90，如图6-10 所示。

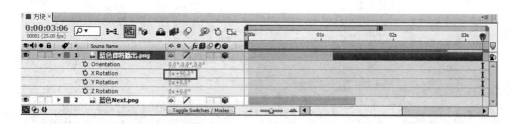

图 6-10　设置X Rotation（x 轴旋转）数值

13. 选中"蓝色即将播出"层，选择工具栏上的 Pan Behind Tool（轴心点工具），按住 Shift 向上拖动，直到图像的边缘为止。

14. 展开 Parent（父子链接）属性，将"蓝色即将播出"层设置为"蓝色Next"层的子层，如图 6-11 所示。

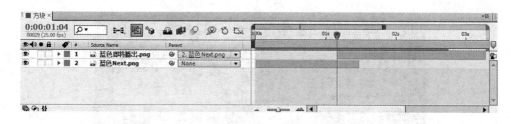

图 6-11　设置 Parent（父子链接）

15. 选中"蓝色即将播出"层，按 P 键展开 Position（位置）属性，设置 Position（位置）数值为（96，121，89）设置 Scale（缩放）数值为（100，100，100），如图 17.29 所示，效果如图 6-12 所示。

16. 在 Position（位置）面板中，选择"长条.png"素材，将其拖动到"方块"合成的时间线面板中，打开三维层按钮。

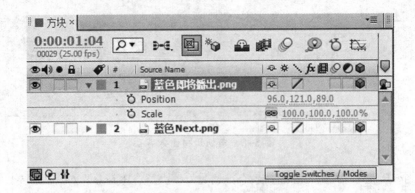

图 6-12　设置参数

17. 选中"长条.png"层，将时间调整到 00:00:02:18 帧的位置，按"Alt+ ["组合键，切断前面的素材，如图 6-13 所示。

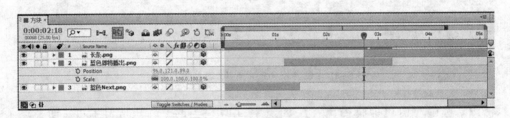

图 6-13　"长条.png"层设置

18. 选中"长条"层，选择工具栏上的 Pan Behind Tooi（轴心点工具），按住 Shift 向右拖动，直到图像的边缘为止，移动后效果如图 6-14。

图 6-14　移动"长条.png"层轴心点

19. 展开 Parent（父子链接）属性，将"长条"层设置为"蓝色 Next"层的子层，如图 6-15。

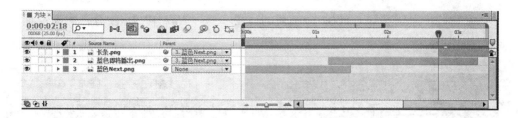

图 6-15 设置"长条.png"层父子关系

20. 按 R 键展开 Rotation（旋转）属性，设置 Y Rotation（Y 轴旋转）数值为 90。按 P 键展开 Position（位置）属性，设置 Position（位置）数值为 (3，86，89)，设置 Scale（缩放）数值为 (97，97，97)，如图 6-16 所示。画面效果如图 6-17 所示。

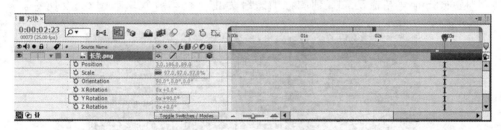

图 6-16 "长条.png"层参数设置

图 6-17 效果图

21. 在 Project（项目）面板中，再次选择"蓝色即将播出.png"素材，将其拖动到"方块"合成的时间线面板中，打开三维层按钮 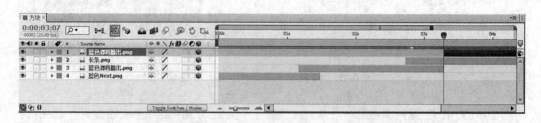。选中"红色即将播出.png"层，将时间调整到 00:00:03:07 帧的位置，按"Alt+ ["组合键，切断前面的素材，如图 6–18 所示。

图 6–18 "蓝色即将播出.png"层设置

22. 选中"蓝色即将播出"层，选择工具栏上的 Pan Behind Tool（轴心点工具），按住 Shift 向左拖动，直到图像的边缘为止，移动后效果如图 6–19 所示。

图 6–19 设置轴心点

23. 按 R 键展开 Rotation（旋转）属性，设置 Y Rotation（y 轴旋转）数值为–90。

24. 展开 Parent（父子链接）属性，将"蓝色即将播出"层设置为"蓝色 Next"层的子层，如图 6–20 所示。

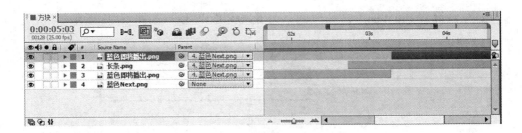

图 6-20　Parent（父子链接）设置

25. 按 P 键展开 Position（位置）属性，设置 Position（位置）数值为
（3，185，89，），设置 Scale（缩放）数值为（100，100，100），如图 6-21 所示。

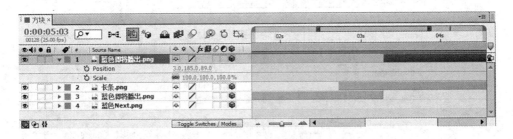

图 6-21　参数设置

这样"方块"合成的制作就完成了，预览其中几帧效果，如图 6-22 所示。

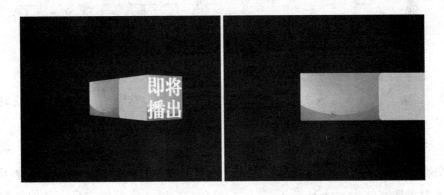

图 6-22　"方块"效果图

二、制作文字合成

1. 执行菜单栏中的 Composition（合成）/ New Composition（新建合成）命令，
打开 Composition Settings（合成设置）对话框，设置 Composition Name（合成名称）
为"文字"，Width（宽）为"720"、Height（高）为"576"、Frame Rate（帧速率）

为 "25" 并设置 Duration（持续时间）为 00:00:06:00 秒，如图 6-23 所示。

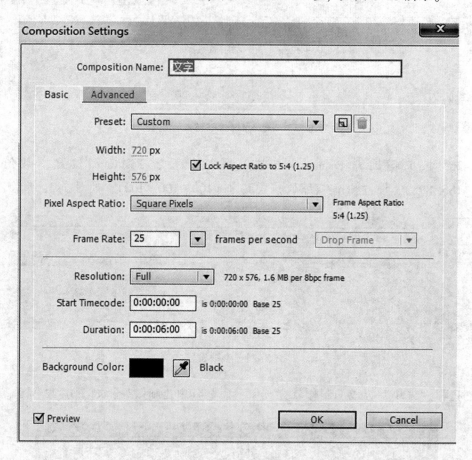

图 6-23　合成设置

2. 复制 "方块" 合成中的 "长条" 层（Ctrl+c），粘贴到 "文字" 合成时间线面板中。

3. 执行菜单栏中的 Layer（图层）/ New（新建）/ Text（文字）命令，在合成窗口中输入 "12:00" 选择 Window（窗口）/ Character（字符）命令，在弹出的字符面板中设置字体为 "DFHei"，字号为 "35px"，字体颜色为白色，其他参数设置如图 6-24 所示。

4. 选中 "12:00" 文字层，按 P 键展开 Position（位置）属性，设置 Position（位置）数值为（302，239），效果如图 6-25。

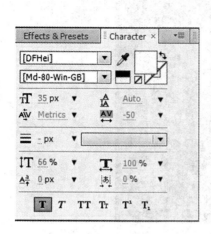

图 6-24 字体设置   图 6-25 效果图

5. 依次执行菜单栏中的 Layer（图层）/（新建）/ Text（文字）命令，在合成窗口中输入"12:50"、"新闻半小时"、"家有儿女"、"NEXT"、"接下来请收看"，并选择 Window（窗口）/ Character（字符）命令，在弹出的字符面板中设置字体及字体颜色，调整版面位置，效果如图 6-26 所示。

图 6-26 文字最终效果

6. 选中"长条"层，按 Delete 键将其删除，效果如图 6-27 所示。

数字媒体栏目包装 *After Effects* 项目应用

图 6-27　效果图

三、"节目导视"综合视频合成

1. 执行菜单栏中的 Composition（合成）/ New Composition（新建合成）命令，打开 Composition Settings（合成设置）对话框，新建一个 Composition Name（合成名称）为"节目导视"，Width（宽）为"720"，Height（高）为"576"，Frame Rate（帧速率）为"25"，Duration（持续时间）为 00:00:06:00 秒的合成。

2. 打开"节目导视"合成，在 Project（项目）面板中选择"背景"合成，将其拖动到"节目导视"合成时间线面板中，如图 6-28 所示。

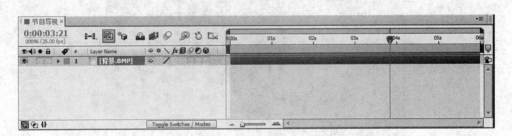

图 6-28　导入背景素材

3. 选中"背景"层，按 P 键展开 Position（位置）属性，设置 Position（位置）数值为（358，320），按 S 键展开 Scale（缩放）属性，取消链接按钮，设置 Scale（缩放）数值为（100，115），如图 6-29 所示。

110

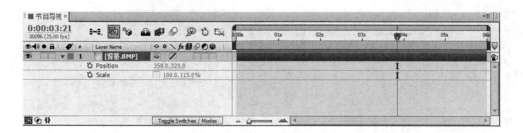

图 6-29 设置属性

4. 执行菜单栏中的 Layer（图层）/ New（新建）/ Camera（摄像机）命令，打开 Camera Settings（固态层设置）对话框，设置 Name（名称）为 "Camera 1"。

5. 选中 "Camera 1" 层，按 P 键展开 Position（位置）属性，设置 Position（位置）数值为（360，288，-854），参数设置如图 6-30 所示。

6. 在 Project（项目）面板中 "方块" 合成，将其拖动到 "节目导视 "合成的时间线面板中，如图 6-31 所示。

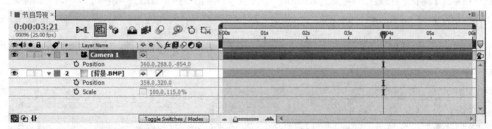

图 6-30 设置 Camera（摄像机）位置

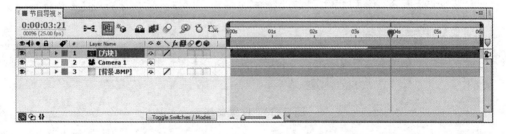

图 6-31 添加图层

7. 再次选择 Project（项目）面板中 "方块" 合成，将其拖动到 "节目导视" 合成的时间线面板中，重命名为 "倒影"，如图 6-32 所示。

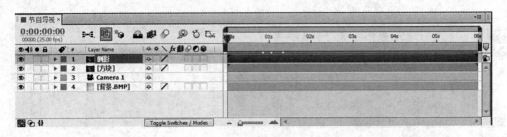

图 6-32　倒影层

8. 选中"倒影"层，按 S 键展开 Scale（缩放）属性，取消链接按钮，设置 Scale（缩放）数值为（100，–100）。按 P 键展开 position（位置）属性，将时间调整到 00:00:00:00 帧的位置，设置 position（位置）数值为（360，545），单击码表 ⏱ 按钮，在当前位置添加关键帧，将时间调整到 00:00:00:07 帧的位置，设置 position（位置）数值为（360，509），系统会自动创建关键帧，将时间调整到 00:00:00:11 帧的位置，设置 position（位置）数值为（360，434），将时间调整到 00:00:00:14 帧的位置，设置 position（位置）数值为（360，417）。按 T 键展开 Opacity（不透明度）属性，设置 Opacity（不透明度）数值为 20%，如图 6-33 所示。

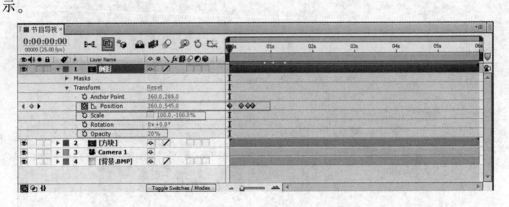

图 6-33　设置参数

9. 选择工具栏中的 Rectangle（矩形工具），在"节目导视"合成窗口中绘制遮罩，如图 6-34 所示。

图 6-34　绘制遮罩

10. 选中"Mask1"层，按 F 键，打开"倒影"层的 Mask Feather （遮罩羽化）选项，设置 Mask Feather （遮罩羽化）的值为（67，67），此时的画面效果如图 6-35 所示。

图 6-35　遮罩效果

11. 在 Project （项目）面板中，选择"文字"合成，将其拖动到"节目导视"合成的时间线面板中，将其入点放在 00:00:03:07 帧的位置，如图 6-36 所示。

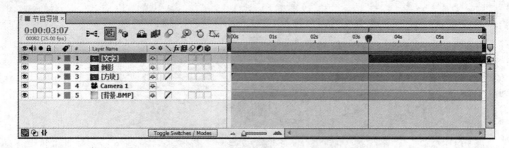

图 6-36　添加素材

12. 选中"文字"合成，按 T 键展开 Opacity（不透明度）属性，将时间调整到 00:00:03:07 帧的位置，设置 Opacity（不透明度）数值为 0%，单击码表 按钮，在当前位置添加关键帧，将时间调整到 00:00:03:12 帧的位置，设置 Opacity（不透明度）数值为 100%，如图 6-37 所示。

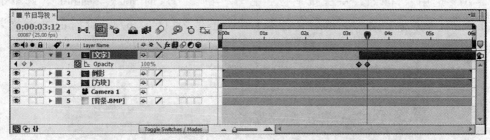

图 6-37　设置不透明度

13. 这样就完成了"节目导视"的整体制作，按小键盘上的 0 键，在合成窗口中预览动画。

技术回顾：

本章节主要通过一个精美的节目导视案例，介绍了 After Ettects 在进行三维层操作的技术要点。掌握 Pan Behind Tool（轴心点工具）改变素材中心点的方法以及 Parent（父子链接）属性的使用。熟练进行文字的输入与修改，并运用嵌套合成进行最后的合成输出。

项目拓展：

项目名称： 频道节目导视。

项目要求：

参考本项目的制作方法，为你喜欢的频道制作一个与频道风格统一的节目导视。

第七章　综合特效应用
——24New 栏目包装

项目名称：24New 栏目包装。

项目分析：

利用 After Effects 内置特效命令制作 24New 栏目包装，使整体本身层次感分明，立体效果十足，利用层之间的层叠关系更好地表现出场景的立体效果。

项目目的：

通过 After Effects 内置特效命令 CC Ball Action 制作背景的处理以及 Led 效果，配合其他特效命令，从而完成 24New 栏目包装的制作。动画流程效果见图 7-1 和图 7-2。

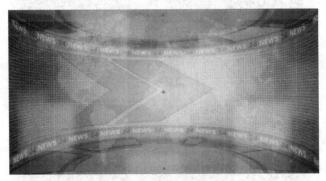

图 7-1

图 7-2

项目制作步骤：

一、背景主体制作

1. 双击项目面板，导入地球平面素材。

2. 合成>新建合成。创建一个 1920×1080 大小的合成，帧速率为 25 帧，时间长度为 30 秒，并命名为 24New，如图 7-3。

图 7-3

（1）新建与合成一样大的纯色层，并命名为背景，如图 7-4。

图 7-4

（2）选中背景层，给背景层添加 Gradient Ramp 命令，调整 Ramp Shape 为 Radial Ramp，修改 Start of Ramp 为：960，540。Start Color 为：R：234，G：234，B：234。End of Ramp 为：960，1768。End Color 为：R：73，G：73，B：73，如图 7-5。

图 7-5

（3）将地球平面素材放置合成内，修改大小为：92%，如图 7-6。

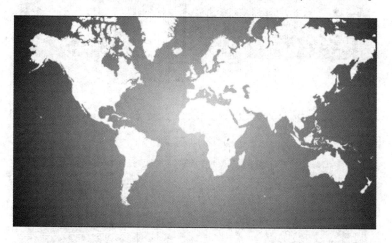

图 7-6

（4）选中地球平面图添加特效：CC Ball Action，修改 Grid Spacing 为 4，Ball Size 为 45。并修改图层模式为：Soft Light，如图 7-7。

（5）新建纯色层，命名为方块，并给方块层添加 Fractal Noise，修改 Fractal Noise 为 Max，Noise Type 为 Block。Contrast 为 200，Brightness 为 -75，Scale 为 500。并给 Evolution 制作动画：time*25，如图 7-8。

图 7-7

图 7-8

（6）选中方块层继续添加 Tritone 特效，并修改 Midtones 为 R：124，G：124，B：124。Shadows 为 R：38，G：38，B：38，如图 7-9。

图 7-9

（7）选中方块层将图层混合模式修改为 Soft Light，如图 7-10。

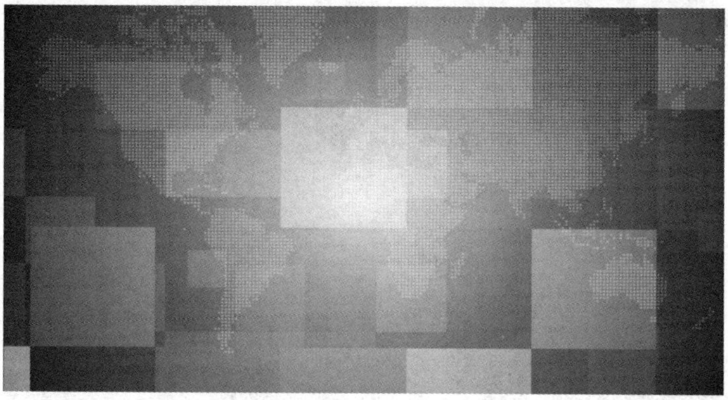

图 7-10

（8）选中方块层，继续添加 Fast Blur 命令，勾选 Repeat Edge Pixels，修改 Blur Dimensions 为 50。修改图层的不透明度为 75%，如图 7-11。

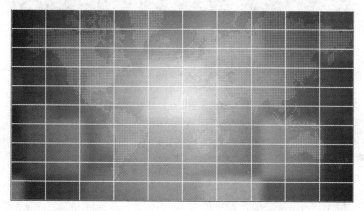

图 7-11

（9）新建纯色层，并命名为网格。给网格层添加 Grid 特效命令，如图 7-12。

图 7-12

119

（10）修改 Grid 特效属性，Size From 为 Width Slider，Width 为 75，Border 为 1，如图 7-13。

图 7-13

（11）选中网格层中的 Grid 特效命令，Ctrl+D 复制一个 Grid 特效并命名为 Grid 2，修改 Grid 2 属性，Blending Mode 为 Normal，勾选 Invert Grid，修改 Bord-we 为85，Feather 为 10，10。Anchor 为 997，501，如图 7-14。

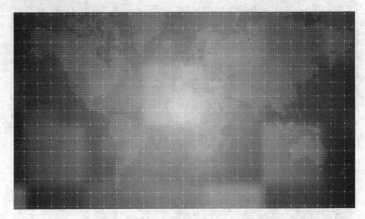

图 7-14

（12）使用椭圆工具在合成窗口中绘制圆形形状层，修改形状层名字为线条。打开形状层的 Contents，修改 Ellipse Path 的 Size 为 2000，点击 Fill 前面的显示开关关闭属性，点击 Storke1，修改 Stroke Width 为 100，如图 7-15 和图 7-16。

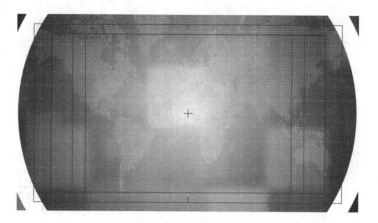

图 7–15

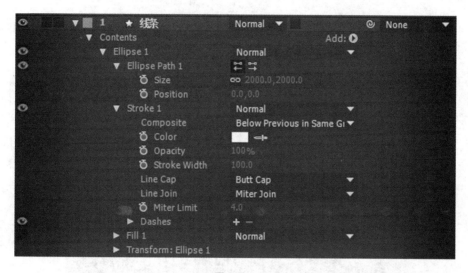

图 7–16

（13）点击 Dashes 属性的+按钮 2 次，添加 Dash 属性，Gap 属性，offset 属性，修改 Dash 为 636，Gap 为 611，如图 7–17。

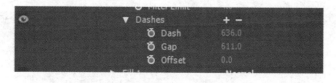

图 7–17

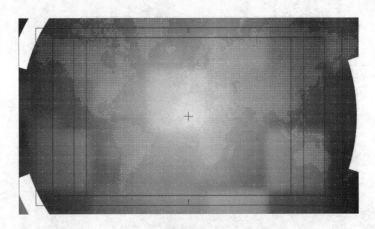

图 7-18

（14）将线条层开启 3D 图层开关，修改图层的 X Rotation 为 90，并移动位置到合成的下方，如图 7-19。

图 7-19

（15）选中线条层，给 Z Rotation 属性添加表达式 wiggle（0.25，270），如图 7-20。

图7-20

（16）选中线条层，添加 Tint 特效，修改 Map White To 为纯红色。继续添加 Glow 特效，修改线条层的图层混合模式为 Darken，如图 7-21。

（17）复制 1 个线条层，并移动位置到合成顶部，如图 7-22。

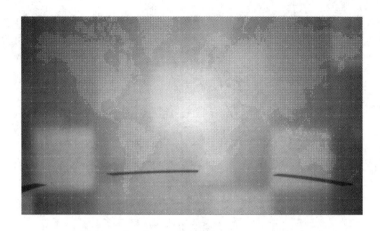

图 7-21

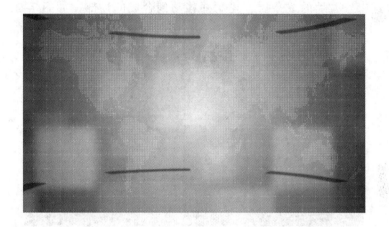

图 7-22

（18）继续复制线条层，修改 Stroke Width 为 350，Size 为 2800，点击 Dashes 后面的-删除属性，如图 7-23 和图 7-24。

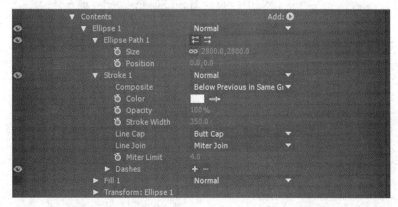

图 7-23

图 7-24

（19）选中修改后的线条层，复制并移动到合成的顶部，如图 7-25。

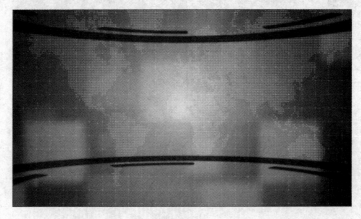

图 7-25

二、Led 制作

1. 新建合成命名为 LED 合成大小为 5000×1000，如图 7-26。

图 7-26

2. 在 LED 合成中新建纯色层并命名为灯。大小为 5000×750，如图 7-27。

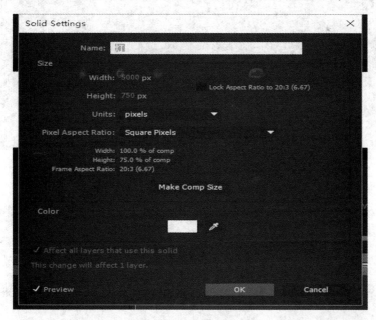

图 7-27

3. 选中灯层，添加 CC Ball Action，修改 Grid Spacing 为 10，Ball Size 为 50，如图7-28。

图 7-28

4. 创建矩形形状层放置在灯层下方，修改名字为边框，修改 Size 为5000、800，Stroke Width 为 12，修改 Fill Opacity 为 50%，如图 7-29 和图 7-30。

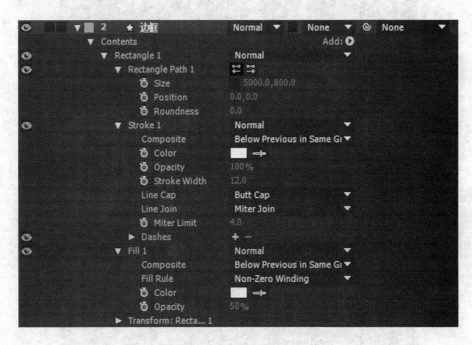

图7-29

图 7-30

5. 选中边框层，添加 CC Glass 特效，修改 Surface >Softness 为 10，Displacement 为 50，如图 7-31。

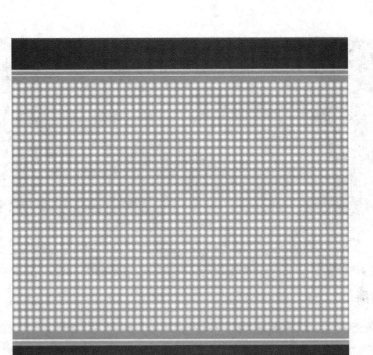

图 7-31

6. Ctrl+；打开网格，使用钢笔绘制形状，如图 7-32。

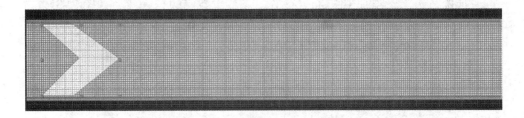

图 7-32

7. 修改 Stroke Width 为 12，Fill Opacity 为 50%，如图 7-33 和图 7-34。

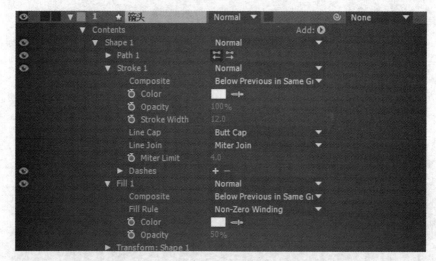

图 7-33

图 7-34

8. 选中箭头层，添加 CC Glass 特效，参数设置与边框一致，如图 7-35。

图 7-35

9. 复制一个 Shape 并移动位置，如图 7–36。

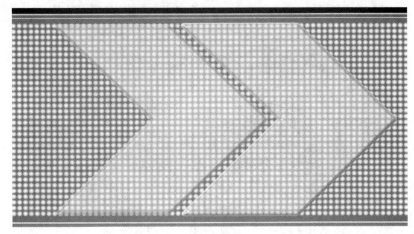

图 7–36

10. 选中箭头层，打开位置属性，移动到屏幕左侧，在 0 帧处记录关键帧，4 秒处移动到屏幕右侧自动记录关键帧。点击前面的码表输入循环表达式：loopOut（"Cycle"），如图 7–37。

图 7–37

11. 返回 24New 合成，把 LED 合成放入并单独显示，给 LED 合成添加 CC Cylinder，修改 Radius 为 125，Position Z 为 –1000，Rotation Y 为 90。Render 为 Inside，如图 7–38。

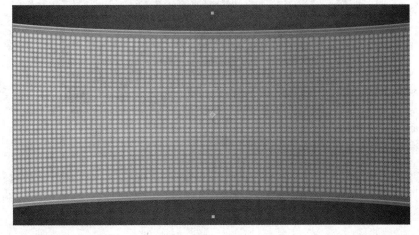

图 7–38

12. 打开图层显示，调整位置，修改图层混合模式，如图 7-39。

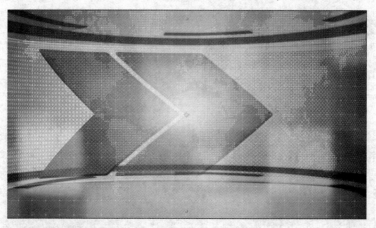

图 7-39

13. 按小键盘 0 键预览动画视频。

技术回顾：

本章节的内容主要讲解了使用内置插件命令制作 24New 栏目包装效果，重点掌握 CC Ball Action 以及 CC Glass 配合其他常用特效命令制作。

拓展训练：

使用本课实例中的制作方法，为 24New 继续制作 24New 文字贴合 Led 效果以及地球效果，如图 7-40。

图 7-40

后 记

沁透着青岛市动漫创意产业协会心血的数字媒体职业教育系列教材，经过艰辛的编撰工作后，终于要付梓出版了，不论对一个行业协会，还是职业院校培养人才来说，应该都是一件很大的喜事！好事！因为这套图书，不仅影响着职业院校学生的技术学成，而且也可以促进一个行业产业的健康发展。

在数字媒体人才，特别是影视及动漫人才极度缺乏的背景下，企业求贤若渴的眼神，职业院校发自肺腑的培养适合企业使用的应用型人才的精神，无不激励着众多专家去探求数字媒体应用型人才的培养方案。

这套图书成功出版，凝聚着文化企业和职业院校共同的心血，也凝聚着每一位编者的心血。两年多来几易其稿，大家为了图书的结构、编写的案例会争得面红耳赤，但最终保质保量地完成了案例式应用型教材的编写。

在即将付梓之际，有太多要感谢的人，首先离不开协会历届领导的支持，各参编院校领导的支持，各文化、传媒企业领导的支持，他们无私提供了商业案例，在此一并报以最诚挚的感谢！

感谢各位参编老师及其家人的大力支持与无私的奉献！

最后感谢为这套系列丛书付出劳动的所有人员，有了大家共同的努力，成就了数字媒体职业技能型人才的社会需求。

编者

2017 年 5 月

图书在版编目（CIP）数据

数字媒体栏目包装 After Effects 项目应用 / 李璐，
桑小昆，张继军主编. -- 北京：中国书籍出版社，
2017.5

ISBN 978-7-5068-6190-8

Ⅰ. ①数… Ⅱ. ①李… ②桑… ③张… Ⅲ. ①图象处
理软件 Ⅳ. ①TP391.413

中国版本图书馆 CIP 数据核字(2017)第 118081 号

数字媒体栏目包装 After Effects 项目应用

李璐　桑小昆　张继军　主编

责任编辑	丁　洁
责任印制	孙马飞　马　芝
封面设计	陈子妹　应敏珠　邓　坤
出版发行	中国书籍出版社
地　　址	北京市丰台区三路居路 97 号（邮编：100073）
电　　话	（010）52257143（总编室）　　　　（010）52257153（发行部）
电子邮箱	eo@chinabp.com.cn
经　　销	全国新华书店
印　　刷	青岛鑫源印刷有限公司
开　　本	787 mm × 1092 mm　1 / 16
字　　数	125 千字
印　　张	8.75
版　　次	2017 年 5 月第 1 版　　2017 年 5 月第 1 次印刷
书　　号	ISBN 978-7-5068-6190-8
定　　价	35.00 元